できる研究者の論文作成メソッド
書き上げるための実践ポイント

Write It Up:
Practical Strategies
for Writing and Publishing
Journal Articles

ポール・J・シルヴィア

高橋さきの 訳

講談社

Write It Up:
Practical Strategies for Writing and Publishing Journal Articles
by Paul J. Silvia

Copyright© 2015 by the American Psychological Association (APA)

This work was originally published in English as a publication of the APA in United States of America.
The work has been translated and republished in Japanese language by permission of the APA through Japan UNI Agency, Inc., Tokyo.

推薦の言葉：原著刊行にあたって

ディーン・キース・シモントン博士
カリフォルニア大学デーヴィス校心理学科 栄誉教授

ポール・シルヴィアのこの本には、有力雑誌に論文を発表するうえで知っておくべきこと（そして、知っておくべきなのに、そのこと自体を理解できていないこと）が、すべて載っている。練達の書き手が、ユーモアをこめてつづるアドバイスの数々は、とても読みやすい。科学研究を志す大学院性や若い教員は、全員、本書を読んでほしい。

ジョン・ダンロスキー博士
ケント州立大学（オハイオ州ケント）心理科学学科

シルヴィアがまた本を出した。前書『できる研究者の論文生産術――どうすれば「たくさん」書けるのか』（原題：『*How to Write a Lot*』）は、書くことそれ自体を応援してくれたが、本書『できる研究者の論文作成メソッド』は、インパクトがある「雄弁な」実証論文を執筆するイロハについて教えてくれる。

推薦の言葉：日本語版刊行にあたって

三中信宏
国立研究開発法人 農業・食品産業技術総合研究機構 ユニット長

せっかく書くなら、こう書こうよ！　アナタもきっと幸せになれる本

　昨年春に出た前著『できる研究者の論文生産術——どうすれば「たくさん」書けるのか』をすでに手にとり瞬時に洗脳された研究者たちは、それまでの自らの行いを心の底から悔い改め、追い込まれてから原稿を一気書きするという過去の悪い習慣を捨て、毎日きちんと執筆時間を確保できるスケジュールを立ててキーボードに向かい、つまらない会議や闖入(ちんにゅう)する来客どもにじゃまされず、時間泥棒でしかないツイッターだの、リア充だらけのフェイスブックだの、お料理レシピを投稿してしまうなどという現実逃避をすることなく、日々着実に原稿を書き進めている——私はそう確信している。え、まだ読んでないって。心配はいらない。今日からでも遅くない。すぐ書店に走りなさい。

　ものごとをロジカルに考える習慣が身についているはずの研究者なのに、彼ら彼女らの多くが「塵も積もれば山となる」をいまだに実感していないのは驚くべきことである。たとえば毎日 10 ツイート分の文字数（1,400 字）をつぶやきではなく原稿に当てるとする。10 日で 14,000 字、1 ヶ月で 42,000 字つまり 400 字詰めにして 100 枚あまりも書ける。これを 3 ヶ月も続ければ余裕で新書 1 冊分の原稿量だ。毎日少しずつでも書き続ければ研究者はまちがいなく幸せになれる。前著『できる研究者の論文生産術』はまさにこの「整数倍

の威力」を私たち悩める研究者に伝えようとしたのだ。

　しかし、しかしである。私たちはただ原稿を書きさえすればいいのか。たくさん「量」だけ稼いでも、肝心の「質」が伴っていなければ話にならないではないか。前著の読者の多くが感じたであろうこの疑念に対して、姉妹書であるこの『できる研究者の論文作成メソッド──書き上げるための実践ポイント』は詳細かつ具体的な解決案を提示する。『できる研究者の論文生産術』が原稿を書くための「心理作戦」を説明したのに対し、本書は書いた原稿をポリッシュアップするための大技小技を読者に伝授している。

　本書では、書いた論文原稿をどの学術誌に投稿するのかから始まって、論文原稿のスタイルについて各部分(序論、方法、結果、考察、そして脚注と文献リストまで)に分けて章ごとに豊富な具体例を示しながら説明する。もちろん、近年増えてきた共著論文を書き上げるための巧妙な心理戦(書かない共著者の尻の叩き方とか)にも触れられている。もちろん、最後に「受理」という甘美な果実を手にするためには、投稿誌の編集者や査読者という強敵と戦い抜くだけの知力と忍耐力、そして決断力が必要である。

　本書は心理学というひとつの研究分野を念頭に置いて書かれているが、その内容は他の多くの科学にもそのまま当てはまるだろう。本書の最後の章で著者は書き続けることこそ研究者が生き延びる道であると高らかに宣言する。そう、研究者人生は一発花火ではない。書け、書くんだ！──そのための心得と戦略がここにある。

(2016年10月1日寄稿)

目次

まえがき x

はじめに 1
- なぜ、書くのか
- インパクトが大切——発表すればよいというものではない
- 本書の構成

第 I 部
計画と準備 13

第 1 章 投稿する雑誌をいつどうやって選ぶのか 14
- **1-1** 雑誌の質を理解する：優・良・不可
- **1-2** いつ雑誌を選ぶか
- **1-3** 雑誌を選ぶ
  - 「引用文献に応じて選ぶ」戦略（非推奨）
  - 「口コミ情報」戦略
  - 「特徴の似た論文が載る雑誌を選ぶ」戦略
  - 「尊敬する先人をまねる」戦略
- **1-4** だめだったときの投稿先

第 2 章 語調と文体 31
- **2-1** 自分の声はどう聞こえているか
- **2-2** スキル
  - ライティングの本を読む
  - 句読法をものにする
  - 段落は短めに
  - 文に変化をつける
  - 文は短くすっきりと
- **2-3** 文体の「べからず集」について考える
  - 一人称代名詞
  - メトニミー（換喩）
  - 分離不定詞
  - 短縮形
  - 文頭の And、But、Because
  - 指示代名詞

第3章 一緒に書く：共著論文執筆のヒント … 71
- **3-1** なぜ一緒に書くのか
- **3-2** やめておいた方がよいケース：避けた方がよい相手
  - 忙しすぎる共同研究者
  - 熱すぎる共同研究者
  - 能力の無さすぎる共同研究者
- **3-3** 実効性のある方法を選ぶ
  - 執筆部分は中央集権化する
  - 担当できることは担当する
  - 律速段階をなくす
- **3-4** うまくいかないときにどうするか
- **3-5** 誰が著者かを決める
- **3-6** よい共同研究者になる

第 II 部

論文を書く … 91

第4章 「序論」を書く … 92
- **4-1** 論文の目的や論理構成を把握する：「序論」展開用テンプレート
  - 「どちらが正しいのか」テンプレート
  - 「作用機序はこうだ」テンプレート
  - 「似てなんか（違ってなんか）いない」テンプレート
  - 「新知見です」テンプレート
  - 「文献のレビュー」を行うなかれ
- **4-2** 構成用テンプレート：「ブックエンド / 本 / ブックエンド」
  - ブックエンドその1：序論冒頭部分（Pre-Intro Bookend）
  - 「本」の部分
  - ブックエンドその2：序論の末尾（Present-Research Bookend）
  - 構成用テンプレートを使うとうまくいく理由
- **4-3** 書き始めは力強いトーンで
  - 弱い冒頭表現
  - 強い冒頭表現
- **4-4** 短報の「序論」を書く

第5章 「方法」を書く … 117
- **5-1** 読み手が納得できる「方法」を書く
- **5-2** どこまで詳しく書くか

5-3 「方法」で記載する各項目
研究参加者（とデザイン）
手順
装置
測定項目と結果
5-4 論文のオープン化、共有化、アーカイブ化

第6章　「結果」を書く　　　　　　　　　　　　　　　　133
6-1 短い「結果」
6-2 「結果」の構成
退屈な詳細事項：著作権のページを参考に
中核となる知見：ストーリーとして展開する
6-3 さしせまった問題と細かい問題
先端的な統計をどのように報告すべきか
周辺的な知見をどうするか
「結果」と「考察」をまとめるという手法
研究が部分的にしかうまくいかなかったケース

第7章　「考察」を書く　　　　　　　　　　　　　　　　146
7-1 よい「考察」とは
7-2 必須の要素
要約
関連づけ
解決
7-3 厄介な任意の要素
限界
今後の方向性
実践上の意義
総まとめ

第8章　奥義の数々：タイトルから脚注まで　　　　168
8-1 文献（Reference）
多すぎることはあるか
自分の論文を引用するのは見苦しいか
8-2 タイトル
8-3 要旨（アブストラクト）
8-4 図と表
8-5 脚注
8-6 付録や補足資料
8-7 ランニングヘッド

第III部
論文を発表する……187

第9章 雑誌とのおつきあい：投稿、再投稿、査読……188
- 9-1 論文を投稿する
- 9-2 通知の内容を理解する
  - 採用（アクセプト）
  - 不採用（リジェクト）
  - 修正・再投稿
- 9-3 どう修正するか
  - 原稿を修正する
  - 再投稿用レターを書きあげる
  - その次にどうするか
- 9-4 自分以外の論文：原稿を査読する

第10章 論文は続けて書く：実績の作り方……217
- 10-1 「1」は孤独な数字
- 10-2 インパクトを高める方法
  - 峻別は大事
  - レビュー論文（総説）を書こう
  - 共同研究をしよう
  - コミュニティを組織しよう
  - 見解の不一致を歓迎しよう
  - 自分の研究用に外部資金を獲得しよう
- 10-3 やめておいた方がよい執筆
  - 書籍の分担執筆
  - 百科事典、書評、その他
- 10-4 どうやって全部書くか

おわりに……234
文　献……236
訳者あとがき……247
索　引……251
資料一覧……257
著者紹介……258

まえがき

　初心者が論文の書き方そのものを学べる資料には、優れたものがたくさんある。その筆頭が、最新版の『*Publication Manual of the American Psychological Association*（APA 論文作成マニュアル）』（APA, 2010）だろうし、関連書籍も出ている（Nicol & Pexman, 2010a, 2010b など）。これから論文を書こうという人向けの本は、ほかにもたくさんあって、すばらしいアドバイスがたくさん載っている（Sternberg, 2000 など）。こうした資料は、APA スタイルの科学論文とはどんな論文なのか、論文はどうして各セクションに分かれているのか、論文によく見られる問題点を避けるにはどうすればよいかといったことを、駆け出しの皆さんが学ぶにはうってつけだ。

　でも、本で得られる知識には限りがある。学術的文章の執筆や発表という隘路（あいろ）をかいくぐっていくには、もっと実践的な、苦労しながら身につけたような知識や戦略も必要だろう。論文をたくさん書いてきた研究者は、どうやって次から次へと論文を書いてきたのだろう？——どのように発表先の雑誌を選び、「序論」の構成を考え、「考察」で論じる内容を決めているのだろう？　どのように査読者のコメントに対応し、再投稿時のレターを工夫しているのだろう？　執筆作業の時間をどうやって割り振っているのだろう？

　本書では、僕自身の経験や、仲間から教わった秀逸なアドバイスをもとに、論文の執筆や投稿について具体的に検討していきたい。APA スタイルのように序論・方法・結果・考察の IMRAD（イムラッド）（Introduction, Methods, Results, and Discussion）形式で論文を執筆する社会科学、行動科学、教育科学、健康科学といった分野で仕事をしている人には、よい論文を目指して計画・執筆・投稿する実践的方法を身につ

まえがき

けるうえで本書が役に立つはずだ。本書では、共同研究での執筆をいかに効果的に進めるか、文体をいかに意識するか、研究プログラムの幅をいかに広げるかといった、取り上げられることの少ない事柄についても検討する。論文は、単に書いて発表できればよいというのではなく、インパクトがある論文を書くこと、つまり研究現場で交わされる会話に変化が生じるような論文を書くことこそが大切だというのが僕の流儀だ。丁寧に考えて内容を峻別し、しっかりした発想を選んだうえで展開し、きちんと伝わるよう配慮すれば、論文の重要性は確実に高まるだろう。

本書(原題 *Write It Up*)は、前書『できる研究者の論文生産術——どうすれば「たくさん」書けるのか(原題 *How to Write a Lot*)』の弟分ということになる。髭に白いものの混ざってきたかもしれない兄貴分の前書では、学術的文章の執筆最前線で起こるエピソードをふんだんに盛り込むよう心がけ、学術的文章を執筆する際のモチベーションの部分、つまり、どうやって執筆スケジュールを立て、そのスケジュールを守るか、どうやって(少しずつ書き進めるのではなく)まとめて一気に書くようなやり方を避けるのか、どうやって週末でも休暇期間でもない仕事時間内に書くのかといった事柄を中心に扱った。一方、本書では、実証論文の執筆や投稿のイロハについて検討する。いかにして「よい論文」を書くかについて書籍のかたちでまとめるのは、僕の以前からの——少なくとも 10 年以上前からの——願いだったのだが、自分自身が何をどうしているかについて理解できていると納得できるまでに論文を数十本、自分の考えを文章のかたちでまとめられそうだと思えるまでにさらに論文を数十本書かねばならなかった。

今回も、APA Books(アメリカ心理学会出版局)のすばらしいチームと一緒に仕事ができました。助言の数々のみならず、食べ歩きに

も一緒に出かけてくれた Linda Malnasi McCarter、辛抱強く先導してくれた Susan Herman、最初の原稿を読んで的を射た指摘をたくさんしてくれた同社の皆さんに感謝したいと思います。長年にわたって「書くこと」をめぐって意義深いアドバイスをくださった多くの皆さんにも、いくら感謝してもしきれません。本書執筆中には、Janet Boseovski、Nathan DeWall、Mike Kane、Tom Kwapil、Dayna Touron、Ethan Zell に特段のお世話になりました。いまとなってみれば、カンザス大学での院生時代に、ライティングをめぐって秀逸な助言や指導を受けることができたのがいかに幸運なことだったのかがよく理解できます。Dan Batson、Monica Biernat、Nyla Branscombe、故 Jack Brehm、Chris Crandall、Allen Omoto、故 Rick Snyder、Larry Wrightsman には、ことのほかお世話になりました。カンザス時代に教わった内容を、いまだにかみしめています。僕の学術的文章の書き方講座や研究グループの院生たち Roger Beaty、Naomi Chatley、Kirill Fayn、Candice Lassiter、Emily Nusbaum、Bridget Smeekens は、発想を練り上げ、不出来なギャグ多数を選別する作業を手伝ってくれました。むろん、ここで謝意を述べさせていただいた方たちが、本書で述べた考えについて全面的または部分的に同意しているといった状況を想定しているわけではありません。本書の内容に何か問題があるとすれば、それはひとえに私自身の責任です。

はじめに

　大学院生のころは、自由になる時間が山ほどあった。ローレンス（カンザス州）の魅惑的な街に繰り出したりしないように、自分なりに開拓した風変わりな趣味はいろいろあったのだが、その最たるものが、実験詩や実験小説を出版するブロークン・ボールダー出版という登録非営利組織の設立だった。詩が好きだという人は多いかもしれないが、せいぜい、ビルケンシュトックのサンダルを履いた友人が結婚式でハリール・ジブラーンの詩を何行か朗読してくれたといったところだろう。でも、ブロークン・ボールダー出版では、発見詩(ファウンド・ポエトリー)からアルゴリズム・ライティングやヴィジュアル・ポエトリーまで、およそ不可解で不思議きわまりない作品の数々を出版した。そして冒険好きとはいえない友人たちは、いつも同じことを言っていた。「詩人っていうのは、どうして、こんなものを書くんだ」、「読むやつなんているのか」、「あのすごい中綴(なかと)じ機はどこで買ったんだい」。

　この出版社をたたんで随分たつというのに、僕の友人たちときたら、学術的文章の執筆についても同じことを尋ねてくる。「そんなもの、いったい誰が読むんだ」、「どうして、そんな誰も読まないような文章なんか書いてるんだ」といった具合だ。ちなみに、こうした問いは、実験芸術の言葉をつづっていようが、実験社会心理学の言葉をつづっていようが、文章を書く以上誰もが向き合わざるをえない問いであり、本章では、こうした問いについて考える。時間がないというのに、文章を書くという作業は困難をきわめ、しかも書かねばならない論文は長い——いったいなぜ文章を書いたりするのか？　懸命な執筆作業の裏にどんな目的があるのか？　どんな執筆プロジェクトなら時間をかける意味があるのか？　何に投稿するだ

けの意味があり、何をあえて投稿せずにおくのか？

なぜ、書くのか

　そもそも、僕らはなぜ文章を発表するのだろう。この問いの答えは簡単だろう。「書かれた言葉は、死んだ後も残る」(Greenblatt, 2011)し、僕らの考えをきちんと固定し、アーカイブして、現在や将来の研究者が評価できるようにしなければならないからだ。しかし、なぜ、文章を発表しなければならないのだろう？　査読つき雑誌への投稿という泥沼に足を踏み入れる理由とは、よい理由もよくない理由も含め、いったい何なのだろう。人間の動機というものを考えるたびに、僕は複雑な気分になるのだが、論文の発表をめぐる動機について検討していても、同じことを感じてしまう。「論文を書く理由」を 資料1 にまとめてみた。どれも、ここ十何年間かに僕が直接教わったものだ。とりあえず、読んでみてほしい。もし、自分が考えている理由が載っていなければ、つけ加えてみること。

　なぜ書くのかという理由には、いくつかのタイプがあるようだ。1つ目は高邁な理由——つまり、学部学生のときに習ったような、知識を分かち合い、科学を進歩させ、世界のよい方向への変化を促すといったもので、これらは、よい理由だと思うし、こうした理由に、年寄りの冷笑や若者の自嘲を持ち込むことは自粛すべきだろう。科学は、間違いなく暗闇の灯だし (Sagan, 1995)、太陽が燃え尽きてしまったのではないかと感じることもある。

　2つ目は実践的理由、つまり科学をめぐる制度のリアリティに対応する正直で世知辛い動機——つまり、職を得る、職をキープする、学生を職につける、研究助成機関や研究者コミュニティや広く社会一般の信用を得るといったものだ。人間は、環境に存在するさまざ

まな誘因に反応する。社会科学者がいる環境では、論文を量産することが推奨され、論文を書きかけのままにしたり、書かずにいたりする状態は嫌われるのが常だ。

> **資料1** なぜ書くのか──
> 高邁な理由と率直な理由（直接教わったもの）

- 研究者同士、知識をシェアするため。
- 昇進や終身ポストに必要な最低論文数をクリアするため。
- 自分が（何かについて）正しいことを研究者仲間に示すため。
- 科学を追求するため。
- 自分をスマートに見せるため。
- 文献に載っている馬鹿げた発想をコテンパンに非難するため。
- 助成金を申請する際の信用度を上げるため。
- 職を得るため。
- 院生が職を得られるようにするため。
- 年次の評価アップのため（質でなく量での評価）。
- 社会正義を推し進め、公共政策に影響を及ぼすため。
- 新たな仲間とプロとしての関係を築くため。
- 失敗に見えないようにするため。
- 共同研究の助成金に応募する前に、うまくいった共同研究の記録を残しておくため。
- 新たな方法や研究領域を学ぶため。
- 院生時代に自分よりよくできて、自分よりよい職についたやつらを見返すため。
- 一般大衆を教育するため。
- まだ論文を書けることを示すため。
- 楽しみのため。

- ◆ 大学院の指導者に一目置かれるため。
- ◆ 論文執筆は挑戦しがいがあるから。
- ◆ 理由なんかない。やるしかないことなのだから。
- ◆ 食うために別の仕事をするよりは、論文を書いている方がよいから。

3つ目は、書くという作業ならではの理由かもしれない。論文を書く作業を楽しいと感じる人も大勢いるということだ。この理由を怪訝（けげん）に思う人は多そうだし、こうした理由を聞かせてくれる人には、「体に必要なのは水だけだ！」とか「コーヒーを置いて、自転車で出かけよう！」といった感嘆符つきの好奇心の持ち主がたしかに多い。でも、「楽しいから」論文を書くというのは、よい理由だろう。論文を書く作業というのは、楽しみとまでは言わないにしても、挑戦、つまり、ある種の頭の体操ではある。このタイプには、「学ぶために書く」（Zinsser, 1988）という理由もあって、これは僕のお気に入りだったりする。この場合、新領域を自習し、その領域についての自分の考えを発見するための方策として、書籍や論文を執筆することを決断していることになる。

最後のタイプは、なんともあさましく、見苦しいものだ。科学をめぐる思考には暗い淵があって、こうした想いが潜んでいるのだろう。人間は、ときに率直に語ったり、しらふでは言えないようなことを口にしたりするもので、そんなときにポロっと語られる理由というのもある。人によっては、同僚に負けないため、自分にも論文にできるネタが残っていることを確認するため、指導者をアッと言わせるため、一発屋ではないことを証明するため、自分がもっと上等でスマートな人間だと思いたいために論文を書く場合もあるようだ。人として認められていると感じるために学術論文を書くというのは、何とも悲しい。犬や趣味が必要な人もいるということだろう。

でも、それが現実なのかもしれない。社会心理学分野にはディーデリク・スターペルという論文データの捏造・改ざんで悪名高い人物がいるのだが、彼が長年にわたって虚偽のデータを発表し続けたのは、野心と、有名人として脚光を浴びることへの不健康な憧れとが混ざり合った結果だったと言われている（Bhattacharjee, 2013）。

インパクトが大切──発表すればよいというものではない

　論文執筆をめぐるこうした情けない理由──そこらじゅうにコーヒーのシミがついた洗濯物のような理由の数々──をどう参考にすればよいのだろう。僕は、論文が何を思って書かれたかなど読む側は気にも留めていないことさえ踏まえていれば、論文はどんな理由で書いてもよいのではないかと思う。執筆する側は、どんな理由で書いてもよいけれども、読む側には、そんなことを気にかける義理はまったくないということだ。読む側が求めているのは、良質で、興味を喚起され、手間暇をかけて読む価値があるような論文であって、むなしさや絶望にかられて書かれた論文が、読者に認められたり、次の仕事に結びついたりするはずはない。これまでに読んだ、説得力に欠ける論文の数々を思い出してみよう。「慌てて書いたのも、ヨレヨレの発想も、無理な展開も大目にみよう。この人は、職が必要だったのだろうし、論文として発表できるギリギリのネタで書くしかなかった事情もわかる。それにしても、この論文からいったい何を読み取って、何を引用しろというのだろう」と感じたことがあるはずだ。

　こうした経験があれば、「論文はインパクトが大切だ。ただ発表すればよいというものではない」という本書の発想をすぐ理解できるだろう。まだ研究者の道を選んだばかりで、科学という混沌とした

世界にこれから漕ぎ出そうというようなナイーブな段階だと、論文を発表することしか眼中になく、「論文は出さないよりは出した方がよい」、「何でもよいから論文をどこかに発表したい」といったことになりがちだ。それが、論文を何本か発表し、不採用になるのにも慣れてくると、論文というのはただ出せばよいというだけのものではないことがわかってくる。「正」の字を書いて論文数を数えながらひたすら論文発表に邁進(まいしん)する研究者もいるが、たいていの研究者は、実績を積むにしたがって、そうした手当たり次第に論文を製造するやり方に疑問を抱くようになり、もっと有意義な研究をしたいと考えるようになる。

　ひたすら論文数を稼ぐというアプローチは、僕らの限られた寿命の使い方として得策とは言えない。書くというのは、痛みをともなう苦しい作業だ。研究プロジェクトを計画し、実施し、論文にまとめるには何年もかかるわけで、せっかくの論文が読まれることも引用されることもなくブラックホールに吸い込まれてしまうのはつらい。一度も引用されない論文というのは驚くほど多く、分野によっては9割にものぼるわけで、少し考えてみた方がよい（Hamilton, 1990,

1991; Schwartz, 1997など)。もし自分の論文を誰も読まず、一考もせず、引用もしないとすれば、手間暇をかけてその論文を書く意味はあったのだろうか。誰も読まないことがわかっていても、プロジェクトを立ち上げ、時間を投入し、論文にまとめるだろうか。科学のブラックホールに吸い込まれた論文は僕にも何本もあって、そのうち何本かのせいで、ブラックホールは黒さを増したと思う。研究に要した汗、時間、機材の量を思うと、たじろがざるをえない。

発表するためだけに論文を書くというのは、「この着想でどうだ!」と勝負に出るのではなく、「この研究をどこかで発表させていただけませんか?」と尋ね歩くようなものだ。こういう戦略をとるのが質より量を選んだ結果である以上、彼らの投稿は、どこをとってみても粗雑で、文献が古いうえに抜けがあったり、しかるべき読者層に対してではなく、誰にともなく漫然と書かれていたり、規定の長さをはるかに超えていたり全然足りなかったり、編集や校正が雑だったり、執筆というより切り貼りの産物であったり、手間暇のかかる図や表の数が極端に少なかったりする。こうした杜撰(ずさん)な投稿は、どこの雑誌でも不採用になるわけで、その結果、無名の雑誌や査読のゆるい雑誌に投稿されることになる。何年かたつと、数を稼ぐためだけに論文を書く人々は、ほうぼうに拡散したトピックを扱った説得力のない論文を多数蓄積することになる。そうした論文の多くは、モチベーションが感じられない。「考察」では、重大な問題点がごまかしてあるし、研究デザインや測定項目が論文の目標や仮説と合致していないために、読者がその分野の専門知識を持っていると、半分失敗したプロジェクトを強引に論文化した事情を悟られてしまう。年月が経つにつれ、こうした研究者は、論文リストの長さが生きがいになるわけだが、賢明な読者はといえば、どうしてそんな駄文を量産できたのかといぶかることになる。

「インパクト」を目指して論文を書くというのは、発表するだけ

のために論文を書くのとは違って、その分野で問題になっている何かについて、他の研究者に影響を及ぼし、考え方の変更を迫るような作業のことだ。科学というのは、よい着想を持ってさえいれば誰でも参加できる大いなる対話の過程なのだと思う。自分が参加したい対話グループが、ジャズエイジのカクテルパーティーに見えようが、ブレックファスト・ミーティングで放埓（ほうらつ）な若者への不満を並べる皺（しわ）だらけの老人の一団に見えようが、対話に参加して、自分の見解を述べてよい。初めての論文であろうがなかろうが、魅力ある論文を発表すれば、その分野の主要な研究者はその論文を読み、引用し、論じ、まわりの院生にも読ませるはずだ。科学の世界では、数多くのテーブルに数多くの席が用意されていて、そこでの会話に影響を及ぼすような研究を論文のかたちで発表することで椅子がもらえるようになっている。とはいえ、科学という「おとなのテーブル」への招待状は誰でももらえるわけではない。紙皿やプラスチックの先割れスプーンを持ち歩いているような青少年が座る席はない。

インパクトがある論文を書くというのは、その分野で交わされる会話の内容に変化をもたらそうと努力をすること、つまり、何か新しくておもしろいことを指摘したり、身近な問題について考える筋道を変容させたり、その分野の用語を洗練させたり、新たな概念やツールを加えたりするということだ。ちなみに、論文のインパクトが目に見えるようになる過程にはいろいろある。研究が論文に引用されたり、学会で「読んだよ」と声をかけられたり（そのうち読もうということ）、そのトピックについての投稿論文や助成金申請書のピアレビューを頼まれたり（よい研究は必ずお返しをともなう）、学会のセッションや研究領域に関連した書籍への参加を求められたり（「富める者はさらに富む」）、そして最終的には、その研究に刺激を受けた他の研究が行われたりとさまざまだ。

ということで、僕らが何をしたいのかというと、人の考えを変化

はじめに

させ、「おとなと同じテーブルにつける」ようなチャンスをつかみたいわけだ。では、どうすればよいのだろう。インパクトがある論文を書く人というのは何をしているのだろう。本書の目標は、よい論文を書く方法を具体的に示すことにある。もっとも、論文を書いたら科学という世界の軸の傾きが少し変わったなどということはありえない——科学には、ポップミュージックとは違ってヒット作を生み出す定石のようなものはないのだから。であればこそ、自分自身にとって大事な意味があり、しかも魅力を感じられる発想と出会う必要がある。ということで、その発想をどのように効果的に展開していくかについては、本書で一緒に考えていこう。多くのすばらしい論文が価値を認められず、評価されないままになっているが、その理由はといえば、ありがちなミスを犯したり、執筆技術が不足していたりするせいであることが多い。

「インパクトがある論文を書く」という本書のテーマには、2つの考え方がセットになっている。本書では、これらについて丁寧に検討していきたい。1つ目は、計画をしっかり立てて考え抜くという点だ。よい論文を書くためには、計画を立て、細部をおろそかにすることなく考えて考え抜くことが必要だという点を確認したい。科学がワクワクする存在であればこそ、一時の感情にかられて複数のデータを同時に集めたり、十分に検討する前に発表したりしたくなる。でも、研究をほんの少し計画的に進めるだけで、不採用通知が山ほど届くことを避けられる。2つ目は、オープンでなければいけないという点だ。この業界では、長期的に見れば、何かを隠しとおすことなど誰にもできない。本書が刊行されるのも、問題のある研究方法、再現性や擬陽性、p値ハッキング、明白な不正などをめぐって未解決であるが有意義な議論が行われている最中ということになる。僕らが発表する研究が長い目でインパクトを持つためには、研究は正直で信頼できるオープンなものでなければならない。ただ、

このことを理解できない人たちというのもいて、「発表さえできればよい」式の論文の場合には、ぼかして書いた部分が査読の段階で気づかれずに済む可能性に希望をつなぐという愚かなケースも多々あるようだ。しかし、査読者何人かに気づかれずに済んだとしても、もはや訂正のきかない段階になって問題が白日のもとにさらされるだけのことで、そうした状態を願うというのは妄想としか言いようがないし、それこそ自滅行為だろう。

本書の構成

本書は、インパクトがある論文を書いて、よく切れるナイフを手に「おとなと同じテーブル」につくという目標を掲げつつ進めていく。

第Ⅰ部では、書き始める前に考えておくべき問題について、広めの枠組みで検討する。1章では、論文の投稿先となる雑誌をどうやって選べばよいのかについて考える。実際、多くのよい論文が、想定読者層を間違えたために不採用となっている。2章では、文体という厄介な問題に取り組む。きちんとした文章で書けば、査読者にとっても読者にとっても魅力ある論文ができるのはよいとして、ではどうやって書けばよいのだろう。最後の3章では共著論文について扱う。研究の大半がチームで行われる以上、共著論文を迅速かつ効果的に執筆する道具立てが必要だろう。

第Ⅱ部では、IMRAD——序論・方法・結果・考察——の暗闇へと分け入ることになる。まず4〜7章で、序論・方法・結果・考察の各セクションについて扱う。各セクションでの文章展開を整理しなおすことで、読者の関心を喚起できるオープンでわかりやすい論文を書く手立てが見えてくるはずだ。最後の8章では、タイトル、文献、脚注、要旨（アブストラクト）といったひたすら細かい事柄につ

いて扱う。これらの項目は、大事なわりに、ないがしろにされてきた。でも、インパクトがある論文は、論文のすみずみまで丁寧に目を配って初めて実現する。

　第Ⅲ部では、書いた論文の「その後」について考える。9章では、雑誌との対応について検討する。よい論文であっても、雑誌への投稿、修正、再投稿といった過程で対処を誤れば不採用となりかねない。最後の10章では、一歩引いて視野を少し広げ、「インパクト」という事象について考える。論文は発表できたという段階から、長い目で見て影響力のある研究プログラムをどうやって構築していけばよいのだろう。

　さて、作業に取り掛かろう。1章では、雑誌の評価や選択について考える。では、新しい紙皿と先割れスプーンを取ってこよう。

第 I 部

計画と準備

第1章 投稿する雑誌をいつどうやって選ぶのか

　研究生活には、厄介な選択がつきものだ。今朝はどのNPR系局のラジオ番組を聞くべきか。どのファーマーズ・マーケットに出向いて有機農法のオクラを買うべきか。うんざりするような書類の山に、怒りを込めて評価コメントを書き込むのに、どの自然素材蛍光マーカーを使うべきか。しかし、研究論文の執筆者にとって一番厄介な選択は、研究論文——フェアトレードの対象となるオーガニックな肉体労働の果実——をどの雑誌に投稿するかだろう。ただでさえ雑誌は山ほどあるのに、それでも年々増え続けるというのは、これはもう、図書館の消灯後に、書棚に住み着いた本の妖精たちが怪しい生殖・増殖活動にいそしんでいるとしか考えられない。ともかく、どの雑誌に最初に投稿してみるかを決断するのは研究者にとって一大事だ。

　本章では、雑誌の世界を探索してみようと思う。雑誌は、どうやって評価すればよいのだろう。論文の投稿先（複数）は、どうやって選べばよいのだろう。そして、どの時点で、どの雑誌を選べばよいのだろう。そのあたりの見通しをあらかじめ立てておくことができれば、論文のインパクトを高める算段をしたり、不採用になる確率を減らしたり、修正や再投稿にかかる手間を減らしたりできる。

1-1 雑誌の質を理解する：優・良・不可

　原稿の投稿先として適切な雑誌を選ぶ作業は、ある意味、オムツ交換にも似ていて、きちんと選ぶには、思いのほか経験が必要になる。分野ごとの雑誌の評価というのは、その文化独自の暗黙知のようなもので、暗黙知であればこそ、インフォーマルなかたちで拡散する。アドバイザーが学生の目の前で雑誌をけなしたり、研究者同士が学会で雑誌投稿の成功談を噂し合ったり、悲嘆に暮れる研究者が、雑誌や冷酷なエディターについてときおりウェブで愚痴ったり（みっともないけれども参考になる）といった具合だ。噂の通り道にいない部外者や新参者には、どの雑誌がよい雑誌なのかを知るすべはないし、雑誌間の違いを表現する微妙なトーンの差も聞き分けられない。

　どの雑誌を選ぶかは、「インパクト」という僕らの目標を達成するうえで最重要事項だと言える。目指すべきは、科学の世界で交わされる具体的な会話に影響を与えることであって、単に論文が雑誌に載ることだけではない。そして、雑誌によって、読者層の広がりに間違いなく差がある。データベースから論文をPDFでダウンロードする世界になったとはいえ、研究者が目を光らせている雑誌と、そうではない雑誌というのがあるわけだ。というより、雑誌が興隆したがゆえに、すでに一流だった雑誌が超一流の存在になったと言うべきかもしれない。情報過多であればこそ、人々がアクセスする対象が絞られるということなのだろう。

　ということで、僕らとしては、自分の論文はむろんよい雑誌に載せたいわけで、その逆ではない。それに、雑誌が違えば、読者層――つまり、論文を読んで引用してくれる可能性が高い人たち――も違う。だから、雑誌にランク付けして「小麦と大豆を区別する」こと

は第一歩として役に立つ。雑誌のランク付けとしては、まず、量的な方法があり、引用数の解析によって得られる指標として、インパクトファクター（impact factor）、H指数（H–index）、アイゲンファクター（eigenfactor）、論文影響値（article influence score）などがある。こうした指標には、自己引用を除外するもの、分野間の引用数の差を調整するもの、引用数についての突出した値を処理するものなど、それぞれ違いがあるものの、突きつめれば、その雑誌に載った論文がどれだけの頻度で引用されるのかという一点に集約される。 資料1.1 に、ごく一般的な評価指標をまとめておく。頻繁に引用される論文が載る雑誌というのは、どの量的指標を用いても高い値を示すわけで、どれか1つの指標で見た雑誌間の違いの方が、指標間の違いより重要ということになる。インパクトファクターやH指数などの値は、ウェブ・オブ・サイエンス（Web of Science）のデータベース群に載っているし、アイゲンファクターや論文影響値は、www.eigenfactor.org に載っている。もしアクセスしたことがないなら、この機会にアクセスして「散歩」してみるとよい。自分が所属する分野の雑誌について、こうしたサイトに載っている値と、自分が普段考えているランキングが一致するかどうかを確認してみよう。

　引用数をもとに雑誌をランク付けするというと、アンディ・ウォーホルが語ったという芸術家たるもの「作品の批評は読むな。重さを測れ」のように聞こえるかもしれない。でも、引用数は、インパクトの合理的な指標だといえる。雑誌には、注目の集まる論文がいつも載っている雑誌もあって、そういう雑誌は、影響度についてのどの量的指標を使おうとも高い値を示す。そうかと思えば、学問のブラックホールに論文を投げ込み続ける雑誌というのもあって、このブラックホールからは、いかなる光も、知も、影響力も逃れることはできない。そして、そうした雑誌の悲惨さは、引用数の低さに現れる。

資料 1.1　インパクトの代表的指標

◆ **インパクトファクター（impact factor）**　一番普及している指標といえば、インパクトファクターだろう。この指標は、直近 2 年間または 5 年間に当該雑誌が掲載した論文の年間平均引用数である。たとえば、2014 年の 2 年インパクトファクターが 1.50 ということは、2012 年と 2013 年に発表された論文が、2014 年に平均で 1.5 回引用されたということだ。ただ、2 年インパクトファクターは不安定で、どれか論文が 1 本ヒットしたせいで値が急上昇することもある。そのため、5 年インパクトファクターの方がよい。観察期間を延ばすことで、大ヒット論文や、人気の高い特集号の影響を受けにくくなるわけだ。しかし、インパクトファクターの場合には、学問分野のサイズによって、必ずバイアスがかかってしまう。大きい分野（研究者が多く、論文数も多い分野）は小さい分野より総引用数が多いので、大分野（たとえば神経科学）の雑誌は、小分野（たとえばパーソナリティ心理学）の雑誌よりインパクトファクターが高くなりがちだ。また、引用数の指標として長年君臨してきたため、インパクトファクターはエディター、出版社、研究者の操作対象となっている。雑誌のインパクトファクターというのは、著者に対して最近の論文を引用しておくよう促したり、引用されることの少ないトピック、たとえば再現研究を避けたりすることで水増し可能な指標なのである。

◆ **H 指数（H-index）**　H 指数は、論文数が、それらの論文が引用された回数の最低数と等しくなるような値のことである。たとえば、H = 205 の雑誌は、引用数が 205 以上であるような論文を 205 本載せたことになる。この雑誌は、H = 35 の雑誌、つまり引用数が 35 以上の論文が 35 本しか載らなかった雑誌より、ずっと影響力が高いと見られるわけだ。H 指数は、雑誌ではなく研究者個人の影響力を示

す指標として使われることの方がおそらく多く、H = 30 の研究者は、引用数が 30 以上の論文を 30 本発表したのに対し、H = 4 の研究者は、引用数が 4 以上の論文を 4 本発表したことになるという具合だ。H 指数には、すてきな特徴がいくつかあって、たとえば、引用されない論文を少し書いたくらいで H が上昇することはないし、それどころか、メガヒットが何本かあっても事情は同様だったりする。さらに言えば、論文や引用件数を貯め込むだけの年月を経ていない創刊したての雑誌や若い研究者にとっては、H 指数はつらい指標である。H 指数を手っ取り早く水増しする方法としては、引用数がちょうど H だったり、少し H に足りなかったりする論文を引用しておく方法がある。賢い引用何本かで、H はまず上昇する（Bartneck & Kokkelmans, 2011）。

- ◆ **アイゲンファクター（eigenfactor scores）**　アイゲンファクターは、www.eigenfactor.org にて無料で入手できる。この指標は、その雑誌が研究作業においてどのくらい中心的な存在かを数値化すべく考案されたもので、ネットワーク解析を用いることで、特定分野についての研究を行う際に、ある雑誌の論文を読むのにどれくらいの割合の時間をかけるかを概念的に表す数値を得たものである。分野の数値の合計は 100 なので、各数値は、その分野で当該雑誌がどの程度の割合を占めているかを表すものとなる。たとえば、『*Psychological Review*（心理学レビュー）』のアイゲンファクターは 0.022 で、これは、心理学の雑誌のうちで 92 番目のパーセンタイルである。アイゲンファクターでは、過去 5 年間の引用を利用し、分野間で引用レベルを調整している。ただ、アイゲンファクターには大きな欠点があり、この指標は、その雑誌の年間論文発表本数という単純な数値に左右される。

- ◆ **論文影響値（article influence scores）**　論文影響値も、www.eigenfactor.org にて無料で入手できる。この指標は、その雑誌に載っ

た論文がどのくらいの頻度で引用されたかを反映するもので、アイゲンファクター同様、5 年間のデータを用い、分野間の引用状況の違いについても調整を行う。論文影響値は直感的な指標で、当該分野の平均論文影響値を 1 としているので、1 より高い値の雑誌は、平均影響値がその分野の平均より高いことになる。『*Psychological Review*（心理学レビュー）』の論文影響値は 5.95 で、これは、心理学で 99 番目のパーセンタイルということになる。

　引用の指標という抽象的な概念を実像として捉えないよう気をつける必要もある。こうした指標には、どれも何かしら欠点がある。たとえばインパクトファクターの場合、学問分野のサイズについて調整していないので、執筆者の多い、つまり論文が多数執筆されたり引用されたりする大分野の雑誌では、小分野の雑誌より高めの値が出る。また、引用に関する指標というのは、採用、人事評価、昇進といったここ一番の大勝負というような場面で使われるため、研究者によって常に操作が行われている。インパクトファクターは、自分が論文を発表した雑誌から最近の論文を引用することで水増しできるし、H 指数も、H 指数ちょうどか、ギリギリ足りない自分の論文を引用することで水増しできる（Bartneck & Kokkelmans, 2011）。
　雑誌を分類するもう 1 つの方法は、定性的な分類だろう。雑誌のインパクトをめぐる各種の指標――そして、年ごとの指標の上下――は有用だが、雑誌間の微細な差異が誇張されることで、新入りの書き手の判断を麻痺させかねない。多くの雑誌は、新しすぎたり特殊すぎたりするために、メジャーな引用データベースではインデックスを付与できず、引用スコアがない。しかし、引用の指標をめぐる最大の欠点は、こうした指標では、研究者が各雑誌の相対的メリットについて感じている意見が無視されるということだろう。数字よ

り研究者たちの意見の方を尊ぶというのは、奇妙に見えるかもしれない。でも、各分野の研究者たちがその分野の雑誌をどう主体的に評価しているかにこそ、意味があるのだと思う。インパクトというのは、その学術コミュニティの研究者が、その研究を読んで判定した結果として生じるものであり、その分野の研究者がその雑誌のことをよいと考えるなら、その雑誌はよい雑誌だ。

僕は、頭の中では、雑誌を3レベルに分けて整理している。一番手の雑誌はもっとも数が少なく、このレベルには、その分野の誰もが一流だと認めるような雑誌が入る。こうした雑誌には、数々の重要論文を送り出してきた歴史があり、その分野で最良の研究者が自分が最良だと考える研究を投稿するのも、こうした雑誌だろう。研究者人生に憧れる大学院生にとって、自分の論文がこうした雑誌に掲載されるのは、新米女優にとって、自分が出演する映画が決まるようなもので、イエスの一言の先には大きな飛躍が待っている。

二番手の雑誌は一番数が多く、その分野の研究の大半が掲載されるような重要な雑誌群がここに含まれる。各分野の最良の研究者たちは、日頃から、こうした雑誌に研究の一部を発表しているものだし、こうした雑誌の大半には、時代を画すような論文を掲載してきた栄誉ある歴史がある。周囲の人たちも、こうした雑誌のことを日頃から耳にしているはずで、何冊か手にとってパラパラめくってみれば、多くの、いやほとんどの執筆者やその所属がわかるはずだ。一口に二番手といっても、引用の指標についても、研究者の主観的評判についても、よい雑誌も、それほどよくない雑誌もあり、また、専門性が高い雑誌も、さほど高くない雑誌もある。しかし、どの雑誌も、分野の発展に貢献しており、論文掲載時には、ポジティブなかたちで関心を持ってもらえるはずだ。

三番手の雑誌は、学術出版の弱点とも言うべき怪しげな雑誌群で、足を踏み入れない方がよい。こうした雑誌の特定は、そう難しくは

ない。手がかりの1つは、引用のされ方だろう。こうした雑誌が、一番手や二番手の雑誌に掲載された論文で引用されることはまずない。別の手がかりとしては、周囲の人たちの意見というのもある。アクティブな研究者は雑誌に関しては耳ざといので、その分野の研究者の大半が耳にしたことのないような雑誌は怪しいと思った方がよい。そして最後の手がかりとして、こうした雑誌では、掲載時に結構な料金の支払いを求められるのが常だ。

ウェブベースのオープンアクセスの雑誌が爆発的に増えたことで、著者の支払いをめぐる問題は複雑化している。一番手の良質なオープンアクセス誌でも、著者に支払いを求める雑誌はあって、これは図書館に課金せずに無料で読めるようにする以上、どこかからか財源を得ねばならないということだ。きちんとしたオープンアクセス誌は、これまで述べてきた基準をすべてクリアしている。掲載論文は引用されるし、トップの研究者が書いた重要な研究も載るし、当該分野の研究者にも敬意をもって読んでもらえる。しかし、率直なところ、オープンアクセス誌の大半は怪しげだし、初心者は、よく知られたもの以外近寄らない方がよい。Science誌に掲載された憂鬱な実験によると(Bohannon, 2013)、オープンアクセス誌の大半は、投稿された論文をほぼすべて採用し、実質的に査読を行っていないという。三番手の雑誌には、信義に反するものがあるということだ。「金目当ての出版社(predatory publishers)」(Beall, 2012)を批判してきたビール(Jeffrey Beall)は、詐欺まがいのオープンアクセス・ビジネスについてのブログ(http://scholarlyoa.com)を運営しているのだが、ここには、実在の雑誌の名称に似せたり、実在の雑誌のウェブページを乗っ取ったりして投稿者をだますフェイク雑誌の話なども載っている。

この雑誌を3レベルに分けて考えるモデルは、自分が所属する分野の雑誌について考えるうえで使いやすい方法だと思う。原稿は、一

番手か二番手レベルの雑誌に投稿しよう。三番手の雑誌には、けっして投稿しないこと。同僚から軽蔑されるような雑誌に論文を載せるくらいなら、ファイルキャビネットに草稿を放り込んでおく方がまだましだ。二番手と三番手の区別というのは、「恥ずかしさ」をめぐる感覚次第だろう。そういう雑誌に自分の研究が載ることを恥ずかしいと思えるか。履歴書、ウェブページ、採用時や昇進時の提出書類にその論文を載せるのをやめようと思えるか。大学院の指導者から、なぜ投稿したのかを尋ねられたときに、「つい出来心で……」と答えられるかどうか。

　三番手の雑誌に投稿しないとなると、一番手と二番手の雑誌が残る。もしかすると、「最高峰の雑誌に投稿すれば最高のインパクトが得られるなら、常に最高峰から始めて下っていくのがよいはずだ」と考えてはいないだろうか。たしかに、これは一般的な戦略だろうし、こうした戦略をとる人たちのことも知っている。まず原稿を書いて、トップジャーナルに送り、それから、自分の頭の中で最良から最悪まで並べた雑誌リストに沿って論文が採用されるまで一段ずつ降りていくというやり方だ。この戦略には、それなりの魅力もあって、運次第では、その論文に見合った雑誌よりもよい雑誌に載ることも皆無ではない。でも、この方法はおすすめできない。インパクトを求めるのはよいが、時間やリアリティとのバランスも大切だ。大学院生や（非終身雇用の）助教には、その分野の雑誌を訪ねてまわる浮き世離れした観光旅行に何年もの時間を費やす余裕はないし、自分の論文は自分で評価できてしかるべきでもある。自分が書いた論文すべてをトップジャーナルに投稿していたら、無分別なやつだとしか思われない。エディターや査読者というのは、同業者どころか、場合によっては親しい友人だったりするわけで、わけのわからないやつだと思われたくはないだろう。

第1章　投稿する雑誌をいつどうやって選ぶのか

1-2 いつ雑誌を選ぶか

　雑誌はいつ選べばよいのだろう。実は、この問いは、ビギナーからは出てこない問いだったりする。雑誌投稿についての直感的な流れは、着想を得、研究を行い、原稿を書き、それから投稿先について考えるというものだろう。でも、これは、非効率な書き方だ。雑誌というのは、それぞれ独自に読者層を持っていて、論文は、その読者層の目にとまる必要がある。査読者や読者が魅力を感じる発想、議論、典拠、研究アプローチなどは、雑誌ごとに異なっている。論文で扱ったトピックを話題にしてくれるのがどんな人たちなのかも知らずに、その分野で交わされる会話に影響を及ぼすような論文を書けるはずはない。

　最低でも、論文を書き始める前に投稿先を決めておこう。投稿先が決まると対象読者層が定まるので、自分が誰に向かって「話している」のかを自覚できる。第Ⅱ部でも検討することになるが、読む人に魅力を感じてもらえる論文を書くには、小さな工夫の積み重ねが必要なわけで、そうした工夫には、その雑誌に掲載されるタイプの論文らしく書くことも含まれる。ちなみに、前もって投稿先を選んでおけば、長さ、文献、表、図といった投稿規定の基本事項を踏まえたうえで執筆できる。

　とはいえ、雑誌を選ぶタイミングとして最適なのは、研究を開始する前だろう。こう言うと奇妙に聞こえるかもしれないが、このことは、経験を積んだ研究者の間では常識に属する事柄だ。研究のアイデアというのは、中華料理店と同じでそこらじゅうにあるけれども、「これぞ！」というアイデアはそうそうあるものではない。そして、新しいアイデアには未検証の仮説ならではの輝きと完璧さがあるわけで、そうした魅力を、よいアイデアならではの価値と混同し

てしまうことも多い。あるアイデアに追求してみるだけの価値があるかどうかを判断する方法の1つは、どの雑誌なら載りそうかを考えてみることだろう。つまり、ある発想を実行に移すだけの価値があるかどうかを判断するときは、そのプロジェクトがうまくいったとして、どの雑誌なら採用となり、どの雑誌なら不採用となるかについて冷静かつ非道なリアリズムの手法で予測してみるのがよい。トップジャーナルに載るだろうか。二番手の雑誌は盤石な投稿先になるだろうか。それとも、「どこでもよいというなら載せてくれるところはある」というおおざっぱなカテゴリーでしか考えられないだろうか。もし、アイデアが二番手雑誌向きだったとして、そのアイデアの存在感を高めるためには、何をどう変更すればよいのだろう。

　もう1つ、研究を実施する前に雑誌を選んでおく利点としては、自分が影響を及ぼしたい読者層にアピールするかたちで、プロジェクトを設計できるということもある。ファッションや音楽と同様、研究にもスタイルという側面がある。たとえば、トップジャーナルには、単一のカッチリとした限定的な研究で、すべてが十全に実現したようなタイプを好む雑誌がある一方、同じトップジャーナルで

も、それぞれは小さい4つか5つの研究が相互に関連し合うかたちで構成されたようなタイプを好む雑誌もある。特定の読者層は特定の研究スタイル――サンプルや方法や手段、ちょうどよい範囲や規模――を見たいと考えているわけで、こうしたことは、データを集め終えた後ではなく、研究を設計する前に知っておいた方がよい。

1-3 雑誌を選ぶ

前線での塹壕(ざんごう)生活が長い研究者であれば、雑誌を選ぶことなど朝飯前だろう。彼らには、新人が持ち合わせていない、自分が所属する分野の雑誌をめぐる文化的暗黙知がある。でも、新人はどうすればよいのだろう。

「引用文献に応じて選ぶ」戦略(非推奨)

投稿先を自分で選ばせる方法としてもっとも一般的なのは、「引用文献に応じて選ばせる」方法だろう。だが、これはいかがかと思う。この発想はあっさりしたもので、自分の原稿が、各雑誌の論文にどのくらい言及しているかを見て、一番たくさん引用した雑誌への投稿を考えるというものだ。この戦略だと、投稿先がどうしてもトップジャーナルに偏ってしまうし、この戦略は過大評価されていると思う。どんな論文でも、強力な雑誌に載った文献について言及することの方が、そうではない雑誌に載った文献について言及することより多くなる。というか、そもそも被引用数が多いのが強力な雑誌の必要条件だったりもするわけで、この戦略だと、どうしても高望みしがちになる。もっと困るのは、この方法だと、原稿を書いてから投稿先を選ぶという順になってしまうことだろう。上述のと

おり、雑誌を選ぶタイミングは、早ければ早い方がよい。どの雑誌にも固定読者がいるわけで、誰に向かって書いているのかもわからずに、説得力のある文章を書けるわけがない。

「口コミ情報」戦略

　自分の所属分野の雑誌について非公式な情報が足りないと思ったら、あれこれ悩まず、指導者や大学院生仲間・友人、あるいは情報通を誰か探してきて、じかに聞いてみるのがよい。知りたいのは、裏話のはずだ。雑誌ごとの微妙なアプローチの違いを認識するには、これが最良の方法だし、査読プロセスについての有用な——あるいは少なくともショッキングな——情報のいくばくかは得られるだろう。査読結果が戻ってくるまでに、どのくらいの日数がかかったか、査読結果は賢明なものだったか、エディターからの不採用通知に、論文のシュレッダー屑がついてきたかどうかを教えてくれる人もいるかもしれない。

　僕自身について言えば、こうしたやりとりに関しては、両方の側にいる。雑誌関係には目がないので、裏話や示唆を求めて尋ねてくる人も多い。一方、自分が不慣れな専門分野で仕事をするときには、その分野の友人に尋ねてみるのが一番だったりする。裏話を聞くときは、直接会うかメールを使うこと。まかり間違っても、「あのさあ、××××［雑誌名］って、ダサイままなの？　あのエディター、もうやめさせられた？」などとSNSに書かないように。

「特徴の似た論文が載る雑誌を選ぶ」戦略

　「特徴の似た論文が載る雑誌を選ぶ」というアプローチもある。自分の研究に似た研究が載っている雑誌を選ぶ方法だ。社会科学の実

証研究には、方法や測定項目、構成、研究デザイン、サンプルなどいくつかの特徴があって、こうした特徴は雑誌ごとに違う。各雑誌には、こうした変数について特定の価値観があって、雑誌というのは、自分の雑誌と価値観が合う論文を採用し、はずれる論文は不採用にするものだ。

　各雑誌には、その雑誌の特徴がことさらに説明されているわけではないが、構成、方法、サンプルなどにもとづいて、いろいろな雑誌を自分なりに分類するのは簡単だろう。多くの雑誌は、何を求めているのか・求めていないのかを隠さない。たとえば心理学分野の著名雑誌『*Journal of Personality*（パーソナリティ誌）』の投稿規定を読めば、精神測定学の研究（新たな評価手法の開発など）は掲載しないことや、自己報告を用いた横断的な相関研究を特に求めているというわけでもない旨が読み取れるはずだ。また、各雑誌の最近何号かをめくってみれば、その雑誌が載せたいのが、コミュニティのサンプル、患者のサンプル、医師による診断済みのサンプル、子どものサンプル、ヒト以外の動物のサンプルなどのどれなのかといったこともわかる。方法に関しても、雑誌によっては、長期研究、生物学的測定項目を用いた研究、実験室（ラボ）ベースの実験、定性的研究、数学的シミュレーションなどに特化した雑誌もある。こうした各変数について自分の論文はどんな具合になっているだろう？　こうしたかたちで自分の論文を位置づけてみると、投稿先としていくつかの雑誌が浮かび上がってくるはずだ。

「尊敬する先人をまねる」戦略

　この方法は、尊敬する研究者何人かに的を絞って、その人たちが自分の論文をどの雑誌に発表しているかを参考にする方法だ。もし、研究で成功を収めることが、影響力のある研究を発表することだと

すれば、影響力のある研究者が論文をどこに発表したかを見ておくことは参考になるはずだ。この方法はビギナーにはうってつけで、影響力があるかたちで発表の計画を立てる感覚を身につけるよい練習になる。例として、心理生理学の道に足を踏み入れるべく、電極とペーストへの生涯の愛を誓ったビギナーのケースについて考えてみよう。多くの著名な心理生理学者は、論文を2種類の雑誌、つまり、その領域全体の雑誌（主に、感情、社会心理学、子どもの発達研究などの雑誌）と、心理生理学に特化した雑誌（『*Psychophysiology*（心理生理学）』、『*Biological Psychology*（生物心理学）』、『*International Journal of Psychophysiology*（国際心理生理学誌）』など）に発表している。

自分が所属する分野のリーダー格の研究者が自分の研究をどの雑誌に投稿したかを見ておくことには意味がある。実証的な論文ばかりを書いているのだろうか、それとも、レビュー論文や本も書いているのだろうか。書評やニュースレターの記事や、その他の文章はどうなっているだろう。怪しげな三番手の雑誌に発表することはあるのだろうか。彼らの履歴書を穴があくまで見つめても、自分の原稿にピッタリな雑誌が見つかるとは限らないものの、こうした作業で見えてくる発想の数々は、長い目でみれば必ず役に立つはずだ。

1-4 だめだったときの投稿先

たいていの雑誌でたいていの論文が不採用になる。これは何も、たいていの論文がダメなわけでも、たいていのエディターがダメで壊れていて屈折していて、巨大な「拒否！」のスタンプを振りまわすのが唯一の生きがいだからでもない。書物へのエロスのおかげで雑誌の数は順調に増加しているが、別の愛（エロス）のせいで、がむしゃらに

論文を発表し続けねばならない大学院生や助教の数も増加しているのがその原因だろう。つまり、論文が不採用になると予測するのは、確率論からしてもまったくもって合理的なので、経験を積んだ研究者であれば、投稿前の段階で再投稿の計画を立てている。

　研究開始前に雑誌を選んでおくというのが奇妙にしか聞こえないようなら、不採用となったときの投稿先を論文執筆前に考えておくという考えも、妄想か戯言(たわごと)にしか聞こえないだろう。でも経験を積んだ研究者がそうしているのには、それだけの理由がある。そもそも、大学教員というのは、どんな些細なことでも考えすぎるようにできている。だから、大学の駐車場の割り当てで、延々ともめたりもするわけだ。第二に、不採用になったときの投稿先を上手に選んでおくことができれば、再投稿時のリライトや全体調整にかかる手間や時間を減らせるので、作業がずっと楽になる。このあたりは、経験者にとってはあたりまえなのに、ビギナーにはまだつかめていない「コツ」なのだろう。

　各雑誌は、投稿規定で長さやフォーマットの要件がそれぞれ決まっている。中程度の長さの論文（8,000 ワード程度）を書いて最初の雑誌に投稿し、その後別の雑誌に投稿するために短報（3,000 ワード程度）まで切り縮め、さらに別の雑誌に投稿するために、元の長さに戻すという、まるで論文の「体重」がヨーヨーダイエットさながらに上下するようなケースを、僕は一度ならず目にしてきた。こうしたケースでは、足したり削ったりに要する時間の無駄がどうこうというより、雑誌ごとに異なる力点の置き方や読者層に合わせるべく、論文の枠組みそのものを変更する作業に時間をかけているわけだ。前もって少しでも計画を立て、読んでもらいたい人たちがどのような人たちで、どの雑誌であればそうした人たちに届くのかについて思いをめぐらせてあれば、不要なリライトは避けられたかもしれない。

【 ……………………………… ま と め ……………………………… 】

　本章では、投稿先となる雑誌の選び方について考えてきた。そして、その過程で、経験を積んだ研究者たちが、いかに執筆作業の細部に至るまで配慮を重ねているのかについても触れた。雑誌選びは、さほど困難な作業ではない。雑誌には、それぞれ背後に読者がいて、その読者は、論文に書こうとしている内容に耳を傾けたいという場合もあれば、そんなことはどうだっていいという場合もある。研究計画を立てる段階で雑誌をいくつか選んでおくことで、論文を読んでもらいたい人たちに届くようなかたちで、研究を実施し、論文を執筆できる。

第2章 語調と文体

　学習をめぐって、僕が頭の中で考えているモデルは、情報化時代の教員としては少々風変わりかもしれない。そう、本を読むべし。新しい趣味を始めるときは、エキスパートが書いた本を何冊か購入してアドバイスを実践し、必要に応じて再読する。そして腕が上がったら、もう少し上級者向けの本に乗り換える。この方法は、パンづくりを始めたときも（Hamelman, 2004）、機械式腕時計を修理したときも（de Carle, 1979）、家庭用芝刈り機を高出力の暴れん坊に大化けさせたときも（Dempsey, 2008）うまくいった。「まずは本を読め」という煩雑で繊細な教育法や、知識はそうやって身につけるものだという点については、たいがいの研究者に同意してもらえると思う。多層モデルや、フォーカスグループ法や、ベイズ統計学を学ばねばならないとしよう。これらは、それぞれ、そのための本がある。どれも、読みこなすのは間違いなく大変だろうが、何かを身につけるというのは、ときとして、そういうことではないだろうか。

　ということで、ライティングに関しても、僕は、自分の知識は、ほぼすべてライティングの本で学んだと思う。最初にお世話になったのは基本書で、これらは、いまも折に触れて読み返している。その後、文法や言語学の本にたどりついたものの、こちらはいまだに謎だらけで読み取るべき内容をまだ十分には読み取れていないが、そのうち読み取れるようになるだろう。芝刈り機の修理は一日にしてならず。でも意外なことに、ライティングの本を読む教員や院生は少なく（Sword, 2012）、論文のライティングの質も、それに見合っ

たものとなっている。無知のはびこるところには、当然ながら極論もはびこるわけで、利いたふうな説——「短縮形は使うべからず!」「文頭に But や And は使うべからず!」「This や That に続く名詞を省くべからず!」といった説——が、たいがいの学科で、ライティングの指導としてまかりとおってしまう。

　本章では、文体という泥沼に踏み込もうと思う。といっても、何も、1章まるごとを使って、泥縄で文体論の授業をしようというわけではない。ライティングを身につけるには時間がかかる。先人も言うように「急いては事をし損じる」。ライティングというのは、読み書きの努力を長年重ねる過程で身につけるものだ。ということで、本章では、自分が書いた文章の声、文法の基本事項、べからず集の主要事項といったいくつかの大事な事柄について検討したい。こうした検討作業は、自分の執筆作業について考え、ライティングの本を読むきっかけになるはずだ。

2-1 自分の声はどう聞こえているか

　録音された自分の声を聞くのは、何とも気味が悪い。自分の声を、血液や骨や脳を介さずに直接聞くと、聞き慣れた声のように感じられる反面、大学院生に怪しいモノマネをされているようで薄気味悪くもある。自分が発した言葉をめぐるこの感触を、自分が書いた文章、つまり文字列を語る声の持つ音に応用してみよう。どんなふうに聞こえているだろう。前時代的紳士淑女だろうか。自信満々のコーチだろうか。それとも、ためらいがちに口ごもる初心者だろうか。はたまた、鼻のつまったカバだろうか。

　文章の語調は、音楽の音質のようなものだ。読み手は、語調——人間のある種の側面——を瞬時に見分けてしまう。ともかく、まず

は診断してみよう。自分が書いた文章を取り出して、頭をからっぽにして読みながら、以下の評価軸にしたがって語調について評価してみるわけだ。

- **人格的 vs 無人格的**：文章には、書き手の人格が感じられるもの、つまり、特定の誰かが、何かを気にかけて、誰かに読んでもらいたいと思って書いたように聞こえるものもある。こうした文章には、人がやりとりする「音」が感じられる。内容が深刻なのか軽いのか、論争的なのか穏やかなのかにかかわらず、こうした文章の場合、書き手の人となりや、きちんと語ろうとする真摯さが伝わってくる。一方、具体的な誰かが文章を書いているという雰囲気をまったく感じ取れない文章というのもある。役所のメモや企業の報告書のような感じとでもいうのだろうか。そうした文章は、誰でもない何者かによって、文章を楽しむこととはおよそ無縁の読者層に向かって漠然と書かれた人間味のないテキストのように感じられる。
- **インフォーマル vs フォーマル**：文章によっては、ビーチウェアのような文体で書き進められるものもある。カジュアルで、親しみがあって、親切で飾らない感じということだ。口語ならではの即興的で生き生きした感じがするのも、こうした文章だろう。一方、週末のビーチサンダルを脱ぎ捨てて、ウィークデイらしく革靴を履いたような文章もある。こうした文章は、硬くて落ち着いた感じがする。
- **協調的 vs 好戦的**：文章には、対等な感じがするものがある。書き手が読み手のことを自分と同一視し、共同作業者として見ているように感じられる文章ということだ。これは、書き手が読み手を尊重し、文字列を通じて読み手にアプローチしたいと願っていることの結果だろう。一方、敵意を感じる文章という

のもある。こちらは書き手が傲慢だったり、わけ知り顔だったりして、読み手のことを見くびって、軽んじているかのような文章ということだ。協調的な書き手は相手に教え、好戦的な書き手は相手を矯正しようとする。
- **自信あり vs 自信なし**：自信に裏打ちされている感じが伝わってくる文章というのはあって、そうした文章の書き手は、落ち着いていて信頼できそうな感じがする。この場合、読み手は、書き手の主張に対しては不同意かもしれないが、それでも書き手がその題材に対してそれなりに筋の通った主張をしていることには同意できるだろう。一方、守りに入ったような文章というのもあって、こうした文章は、執筆内容に不安があったり、批判を怖れていたりするような印象を与えてしまうし、精一杯頑張っているという緊張感や、塀を張りめぐらせているような警戒感が感じられることも多い。自信のみなぎる文章には、主張、つまり要点をおさえたうえで説得しようという意志を感じるのに対し、守りに入った文章からは、批判や失敗を回避しようとする怯えが伝わってきてしまう。

ということで、自分の文章の語調は、どのあたりだろう。僕の推測だが、研究者の文章は、「書き手の人格が感じられず」で「フォーマル」な側であることが多く、学術雑誌に掲載された論文ともなれば、鼻のつまったカバのような濃密で硬い音がしそうだ。「協調的 vs 好戦的」と「自信あり vs 自信なし」については、中程度だろう。「好戦的」で「自信あり」というような粗野で鼻持ちならない人は、さすがに少数だと思う。

目標は、文体を使い分けられるようにすること、つまり、語調をコントロールできるようにすることだ。どんな文章を書いても1種類にしか聞こえないというのは、自慢のメニューが1種類しかない

第 2 章 語調と文体

シェフのようなものだ。きちんとした書き手なら、セッティングや目的が異なる場合には、語調を変えることができて当然だろう。硬く聞こえる文体しか書けない人が大半だということからすれば、文体を使い分けられるようにするには、まずは、書き手の人となりが聞き取れるようなインフォーマルな語調を身につける必要がある。仕事でカジュアルに聞こえる文章を書くことがほとんどないという人の場合も、カジュアルな文章の書き方を身につけることで文章の機序を身につけることができるし、そうするとフォーマルな文章が引き締まってくる。一度、コルセットで締めつけたような語調を脱却してスウェットを身につけたときのような自在さを経験してしまうと、元に戻ろうとは思えなくなるかもしれない。これは、たいていの読み手も同じだろう。読み手が望んでいるのはよい文章だ。そして、彼らが尊敬するのはよい文章の書き手である。

　前述の評価軸は、連続的なものだ。「フォーマルに書かなければ、論文が中学生の日記みたいになる」ということはない。この手の罠にはまらないこと。「＋10」から「－10」までが「0」の両側に連続していると考えてもよい。語調がコントロールできるようになるにつれて、各項目がこの範囲で自在に調節できるようになってくる。語調というのは、当然ながら、文章の目的や読者層によって変わる。極端な文体に固執することなく文体を適宜調節できてこそ、統制のとれた書き手というものだ。こうした評価軸の処理について、僕の考えを以下に述べる。

- 1人の人間の書く文章は、インフォーマルなもの（＋10）からフォーマルなもの（－10）まで多岐にわたっているはずだ。一部のジャンル——本書のような書籍、ブログの記事、ニュースレターの記事、一部の雑誌記事など——は、髪を結いあげずに垂らしておいた方がうまくいくが、他のジャンル——助成金の申

請書、進捗状況報告書、一部の雑誌記事など——は、髪をカッチリ結いあげた方がうまくいく。文章の大半は、その中間くらいで落ち着くはずだ。 資料2.1 に示すが、まじめ一方の文章が苦手な僕のような人間でも、堅苦しい文章を書くことがある。

- 人格的（＋10）〜無人格的（－10）の評価軸については、無人格的な側の文章を書きたいというケースはほとんどないだろう。フォーマルな文章を書いているときでも、文章の陰に自分が隠れてしまわないようにすること。不出来であろうが、マヌケであろうが、自分で書いた文章や考えは自分のものだ。助成金の申請書は、ブログの記事よりはフォーマルに聞こえないとまずいが、書き手の人格は、ブログの記事同様、顔を出してもかまわない。無人格的な構成にすると（例：「We propose（提案する）」でなく、「One could propose（提案することも可能であろう）」とするなど）、書き手が退屈で冷淡であるように聞こえてしまう。＋7〜＋3の範囲を目指して、自分の文章は自分らしく聞こえるようにしよう。

- 協調的（＋10）〜好戦的（－10）の評価軸で、「好戦的」側にあえて踏み込む者たちよ、望みを捨てよ。文章たるもの、＋10〜0に収めるべし。＋10に近い文章は、さほど多くないかもしれないとはいえ、指導、教育、プロとしてのスキルなどについて扱う文章（本書を含む）に関しては、＋10に近くてしかるべきだろう。ともかく、0未満というのはナシということだ。僕らには、あらゆる声を発する権利があるとはいえ、読み手に届ける声は、それとは話が違う。もったいぶった文章、横柄な文章、恩着せがましい文章などは、読まなくてよいと言っているに等しい。

- 自信あり（＋10）〜自信なし（－10）の評価軸のどこに自分の文章が位置するかはコントロールできなくても、どこに位置させるべきかについては、わかっているはずだ。不安があると、人

によっては、縮こまったり、尊大になったりする。つまり、自信のない書き手が書いた文章は、臆病だったり、耳障りだったりする。一方、自信のある書き手は、思慮分別があって、広く文章を読み、論理的に思考し、当該分野の学問規範を尊重するがゆえの信頼性を備えた人物に映る。

資料 2.1　個々人内部での文体のばらつき──くだけた文体からかたい文体まで

　くだけた文章を書ける書き手が、いつもくだけた文章を書いているわけではない。ということで、僕の文章の切れ端をお目にかけたいと思う。とりあえず、くだけた文体（＋10）からかたい文体（－10）まで点数をふってみた。

　この本は、たぶん「＋8」くらいだと思う。この本の計画を立てているときに、少しくだけた文体の方が自分でも書くのが楽しいし、読者の皆さんにも関心を持ってもらえるのではないかと考えたわけだ。とりあえずうまくいっていると思うのだが、どうだろうか。

　僕の論文の文体は「＋3」くらいで、そんなにかたくないと思う。例：「In this study, we explored some intriguing implications of our recent studies. We expected that ... (この研究では、我々の最近の研究をめぐる興味深い内容のいくつかについて探求した。我々の予想では…)」。

　もう少し保守的な雑誌の場合だと「0」や「－1」だろうか。例：「The present experiments build on our recent experiments and extend them significantly. Specifically ... (本実験は、我々の最近の実験にもとづくものであり、それらを有意に拡張するものである。すなわち…)」。

　助成金の申請書だと「－3」くらいかもしれない。助成金の交付を受けて実施した研究の報告書だと「－7」になっていると思う。

例：「The experiments completed in the prior project period built on the results obtained in the initial year and extended them in several critical respects（先行するプロジェクトの期間中に完了した実験は、初年度に得られた結果にもとづくものであり、初年度に得られた結果を、いくつかの重要な点において拡張したものである）」。

2-2 スキル

　文章が音のパッケージであることが目標だとしても、文章から執筆スキルが感じられるようでないと、つまり、はるか彼方まで視野に入れつつハンドルをしっかり握ったエキスパートが背後に控えているような安定感がないと困る。くだけた文章を書くことは、文法を放棄することではないし、フォーマルな文章を書くことは、受動態だらけの文章を書くことではない。自分の声がどう聞こえるかをコントロールするうえでは、基本的な仕組みをいくつか身につけておく必要がある。たいがいの人は、1通りの書き方しかできない。それは、不十分な文法知識に縛られているからだ。

ライティングの本を読む

　執筆スキルの第一歩は、当然のことながら本を何冊か読むことだ。文章を書くこと自体には得手不得手があるだろうけれども、良書に触れて有意義な時間を過ごすことで、誰でも文章を上手に書けるようになる。 資料2.2 に、文章の世界に踏み出すための書籍を何冊か挙げておく。僕にとっては、どれも羅針盤のような書籍だ。僕の同席時にこれらの本を馬鹿にするのが御法度であることを、院生たち

第 2 章　語調と文体

はよく承知している。これらを読み終えたら、後は、よさそうな本を見つけたときに購入すればよい。年に 1 冊以上は読むこと。

> **資料 2.2　学術的文章を書くうえで読んでおきたい本のリスト**

◆ ウィリアム・ジンサー（William Zinsser）
『*On Writing Well*』（2006）

　ガチガチに固まってしまった古くさい文体の殻をそぎおとしてくれるという意味で、この本の右に出る本はないだろう。ジンサーが推奨するのは、書き手の存在が伝わってくるような、つまり誰かが別の誰かに語っている声が聞こえてくるような語調だ。この本には、額に入れて飾っておきたいような名言がてんこもりだ。「自分が悪文を書いていると認識している人はほとんどいない」という具合（17 ページ）。

◆ シェリダン・ベイカー（Sheridan Baker）
『*The Practical Stylist*』（1969）

　僕の文章は、この本にとてつもない影響を受けた。ベイカーのテーゼは、文体については「すべきことと、すべきではないことがあり、そうしたことは学べる」（2 ページ）というものだ。なんて、すてきな考えだろう。僕が好きなのは、1960 年代後半から 80 年代にかけて出版された、とんがった内容の版だ。この本から、箴言を 1 つ紹介しておく。「これまで、ずっと息をするように自然に文章を書いてきたはずだ。たぶん、ひたすら一本調子で」（27 ページ）。

◆ ブライアン・ガーナー（Bryan Garner）
『*Garner's Modern American Usage*』（2009）[*1]

　although のかわりに while を使ったり、because のかわりに since を使ったりしてもよいのかどうか、clench と clinch との違い、butt naked や buck naked が妥当な用法なのかどうか——こうした項目がすべて載っている分厚い用法事典（ABC 順）がこの本だ。各項目が ABC 順に配列された語法や文法の本というだけで、うんざりする人も多いだろう。でも、ガーナーのこの本は、各項目が火花が散らしている。たとえば hypallage（代換法）の項目にはこんな一節がある。「こうした事例について、片っ端から「permanent marker（油性マーカー、マジックインキ）は permanent ではない」といった具合に文句をつけるのは、ただのひけらかしだ」(431 ページ)。

　そもそも、duct tape（ダクトテープ、ガムテープ）について 1 ページ近くも説明する用法事典は、それだけで尊敬に値する（duck tape との違い、282 ページ）。

句読法をものにする

　学術的文章では、句読点は 2 種類しかまず見かけない。コンマとピリオドということだ。コンマが、ピリオドの小型版といった感じだろうか。句読法（パンクチュエーション）はとても大切で、学術雑誌で見かける不出来な文章の大半は、句読法の基本をわきまえていないのが原因だと僕は確信している。コンマやピリオドだけだと、使える文型の数は限られてくるし、洗練された文型を使って従属関係や等位関係を表現することもできない。道具箱に工具が 2 種類し

---

*1　clench は手を握りしめたり、歯を食いしばったりすること、clinch は比喩的にぎゅっと把持すること。butt naked と buck naked はどちらも素っ裸の意。hypallage（代換法）には、転移修飾語（transferred epithet）と呼ばれるものも含まれ、この本には、permanent marker 以外にも、English-speaking countries（英語が話されている国の意、ただし、国が英語をしゃべるわけではない）など多くの例が載っている。

か入っていなければ、書き手の作品は、不細工なものにしかなりようがない。

セミコロン

僕はセミコロンを愛している。もっとも僕の愛は、文章に関わるもので、『*I Want to Buy the Semi-Colon a Private Sex Island*（僕は、自分だけのセックス・アイランドとしてセミコロンを買いたい）』(2011)を書いたチャック・ウェンディグとは違う。ウェンディグは、男性と彼らのパンクチュエーション・マーク（息抜き）の密接な関係について、女性が知るべきとされている以上のことまで述べる。彼がスラッシュ(/、語源は棒)について何を考えているのかは、知るのが少々怖い。

セミコロンには、よくある正しい使い方2つと、よくある誤った使い方1つしかない。最初の使い方は、2つの独立節をつなぐというものだ。この場合、セミコロンは2つの節の間に介在して両者のバランスをとるような具合になる。その結果、2つの発想の対比が際立つ。

- A collaborative writer teaches; a combative one wants to set someone straight.
  （協調的な書き手は相手に教え、好戦的な書き手は相手を矯正しようとする。）
- Writing informally doesn't mean forsaking grammar; writing formally doesn't mean heaping passive sentences on the page.
  （くだけた文章を書くことは、文法を放棄することではないし、フォーマルな文章を書くことは、受動態だらけの文章を書くことではない。）

セミコロンは、片方の節がもう片方の節に従属するのではなく、両方の節がパラレルな場合に使用すると効果的だ。2つ目の節が、1つ目の節に従属するような場合には、コロンやダッシュを使うのが通例だろう。

　セミコロンのもう1つの用法は、多数列挙された項目の切れ目をはっきりさせるというものだ。列挙された項目内にコンマで区切られた従属関係があるときは、コンマより上位の切れ目として、「シリアル・コンマ」のかわりに「シリアル・セミコロン」を使おう[*2]。

　セミコロンの誤用で一番多いのは、セミコロンの後に、文の断片を配置するものだろう。

● Our experiments used outcomes from both individual and contextual levels of analysis; unlike past research.
（我々の実験では、分析について、個人レベルと文脈レベルの両方で得た結果を利用した。これは、これまでの研究とは異なる。）

　2つの節を並べるときに、セミコロンを使ってもよいのは、ピリオドを使ってもよいような場合だけだ。セミコロンの後側については、「however」が続く場合が一番問題になりやすい。「but」や「yet」の意味で使うなら、「however」の後にコンマを入れ、「どのような量や方法であっても」の意味なら、コンマは要らない（例：「However

---

[*2] シリアル・コンマを使用するスタイルというのは、ABCDEを列挙する際に、「A, B, C, D and E」というかたちではなく「A, B, C, D, and E」というように、最後から2つ目のDの後にもコンマを入れるスタイルのことを言う。ABCDEの各項のどれかの内部にコンマが含まれる場合（たとえばBが「methyl, ethyl, and propyl」の場合）には、「A; B; C; D; and E」のかたちとすることが提案されているわけだ。なお、シリアル・コンマは、オックスフォード・コンマとも呼ばれる。

you go, go quickly（どのようなかたちで行くにしても、早く行け）」）。

- Study 1 provided initial support for our hypothesis; however, it didn't find the expected mediation.
（研究 1 では、我々の仮説を支持する最初の根拠が得られた。しかし、予測された媒介過程は見い出されなかった。）

コロン

初心者というのは、コロンは、リストの中身を列挙するときしか使えないと思っているらしい。この目的でコロンを使うのは、むろんかまわない。でも、コロンはもっと芸達者だ。互いに関連する 2 つの要素を結びつけ、特に、2 つ目の要素が 1 つ目の要素を具体的に述べているような場合は、コロンの出番だろう。

- For someone who teaches in the Information Age, my mental model of learning is quaint: Read some books.
（学習をめぐって僕が頭の中で考えているモデルは、情報化時代の教員としては少々風変わりかもしれない。そう、本を読むべし。）
- Some writing shuffles about in beachwear: It feels casual and familiar, genial and earthy.
（文章によっては、ビーチウェアのような文体で書き進められるものもある。カジュアルで、親しみがあって、親切で飾らない感じということだ。）

コロンを用いて文を整理するパターンには、「一般：具体」、「概念：事例」、「行動：結果」、「主張：エビデンス」といったものがある。リストの中身を列挙するのは、その 1 つにすぎない。

- In most scholarly articles you will find only two punctuation marks: the comma and the period, with the former dwarfing the latter.
 (学術的文章では、句読点は2種類しかまず見かけない。コンマとピリオドということだ。コンマが、ピリオドの小型版といった感じだろうか。)

コロンを、他の記号に置き換えるのは難しい。ピリオドを使うと、切れ目感が強すぎるし、セミコロンを使うと、セミコロンの前側部分を後側部分で詳しく述べるのではなく、セミコロンの前側部分と後側部分をパラレルに配置した感じになってしまう。コロンのかわりにコンマが使えることも多いが、コンマにすると、以下の例のように長くて堅苦しい文になってしまう。

- Some writing shuffles about in beachwear, in that it feels casual and familiar, genial and earthy.
 (文章によっては、ビーチウェアのような文体で書き進められるものもある。カジュアルで、親しみがあって、親切で飾らない感じということだ。)
- In most scholarly articles you will find only two punctuation marks, which are the comma and the period, with the former dwarfing the latter.
 (学術的文章では、句読点は2種類、つまりコンマとピリオドしかまず見かけない。コンマが、ピリオドの小型版といった感じだろうか。)

ダッシュ

ダッシュ——幅（長さ）が、大文字のMの幅と一緒であることか

第2章　語調と文体

ら、エムダッシュとしても知られている——には、常用性があり、温室育ちの最近の若者にとっては危険な存在かもしれない。使用法にほとんど制限がないために濫用されがちだが、ダッシュを使うと文体に新境地がひらける。つまり、ダッシュを身につけるのは、初めて海外旅行（といっても安宿に泊まるわけではない）に出かけるようなものだ。

ダッシュの一般的用法には2種類ある。文の途中で使う用法と、文の後側に続ける用法だ。1つ目の用法として、ダッシュ2つを使うと、文に節や句を挿入できる。2つのダッシュで挟むのは、少々イレギュラーでもよければ、短い節から文数個まで、それこそ何でもよい。

- Dashes—also known as *em dashes* because they are the width of a capital M—are habit forming and probably dangerous to today's sheltered youth.
（ダッシュ——幅（長さ）が、大文字のMの幅と一緒であることから、エムダッシュとしても知られている——には、常用性があり、温室育ちの最近の若者にとっては危険な存在かもしれない。）
- Ignorance never stopped people from having strong opinions, of course, so arbitrary peeves—"Don't use contractions! Don't start a sentence with *But* or *And*! Don't omit the noun after *This* or *That*!"—pass for writing mentorship in most departments.
（無知のはびこるところには、当然ながら極論もはびこるわけで、利いたふうな説——「短縮形は使うべからず！」「文頭にBut やAndは使うべからず！」「ThisやThatに続く名詞を省くべからず！」といった説——が、たいがいの学科で、ライティングの指導としてまかりとおってしまう。）

ダッシュなしでの挿入は難しい。括弧でも挿入はできるものの、括弧を使うと、囲った部分が強調されるのではなく、逆に目立たなくなってしまう。コンマで挟むかたちの挿入が使える場合はあるものの（従属節を挿入する場合など）、うまくいかないケース（文全体の挿入など）も多い。

　2つ目の用法として、ダッシュ1個を使って、文の後ろに節や句を足すことができる。足す部分は、短くても長くてもよいし、一連の事柄でも単一の事柄でもよい。

- There are books for that—painful books, to be sure, but that's what learning is like sometimes.
  （これらについては、それぞれ、そのための本がある。どれも、読みこなすのは間違いなく大変だろうが、何かを身につけるというのは、ときとして、そういうことではないだろうか。）

　なお、ダッシュを使った文中への挿入と、同じくダッシュを使った文の後側への付加は、同じ文では行わないこと——読者は、どこが挿入部分——ちょうどこのような部分——で、どこが付加部分なのかの判断に迷うことになる——これは、紛らわしすぎる。

　あるいは、「どうせなら、句読点を組み合わせて、等位関係と従属関係をあでやかに演出してみよう」と、考えていたりしないだろうか。組み合わせると、こんな具合になる。

- Some genres—books like this, blog entries, newsletter essays, and some journal articles—work better when you let your hair down; other genres—grant proposals, progress reports, and some journal articles—demand the austere bun.
  （一部のジャンル——本書のような書籍、ブログの記事、ニュー

スレターの記事、一部の雑誌記事など——は、髪を結いあげずに垂らしておいた方がうまくいくが、他のジャンル——助成金の申請書、進捗状況報告書、一部の雑誌記事など——は、髪をカッチリ結いあげた方がうまくいく。)

使わない方がよい句読法

句読法という広い世界に触れると、初心者は有頂天になって、使いまくってみたくなるようだ。とはいえ、句読法には多用を避けた方がよいものもある。

- 斜線は、一般にはスラッシュ(/)として知られている。スラッシュは、科学の単位(例：Ω/s、マイル/時)、発音(例：/nt/)、詩を引用した場合の各行の終わりなどを示すテクニカルな用途にとっておくべきだろう。論文では、and/or(および/または)、he/she(彼/彼女)、mood/emotion(ムード/感情)、aggression/violence(攻撃/暴力)、scamp/scapegrace(いたずら者/ならず者)といったかたちでは使用しないこと。こうした「逃げ」を使うと、執筆内容についての自信のなさが透けて見えてしまう。
- 何世紀もの日陰者の時代を経て、エリプシス(「...」、省略記号)は、反乱分子たるティーンエイジャーの間で脚光を浴びるようになった。いかに自分たちが誤解されているかについてオンラインでつぶやくときにも、エリプシスを使って、息づかいや、とりとめもない感じを伝えられれば、それはそれで便利ということなのだろう。「No one gets me ... no one ... and my parents? ... whatever ...(わかってくれないんだ…もうほんとに誰も…うちの親？ …どうとでも…)」。彼らの弁護をしておくと、発せられた言葉が、おおかた省略されているような状態では、たしかに誤解を生じない方が難しい。でも、エリプシスは、引用部

分から、何かが省かれたことを示すものであり、それがすべてだ。消え入るようなニュアンスを表す目的でエリプシスを使わないこと（例：「It's hard to say …（言いにくいんだけど…）」。もっとも、言いかけてやめる「頓絶法」*3 を本来のかたちで使用するという文体上の原則にのっとった使用であればかまわない。

● 感嘆符（！）は、修辞問題、つまり、ウェブ上の面識もない猫嫌いに向かって罵詈雑言を長々と書き連ねた後に、さらにだめ押しする感覚をどう表せばよいのかという古代ギリシャにさかのぼる問題への解答である。すぐ激昂するのにボキャブラリーが貧困な面々のせいですっかりケチがついてしまった感嘆符には、本当に申し訳ないと思う。ともかく、感嘆符は使うなかれ！　両目をカッと見開き、金切り声でまくしたてているように聞こえてしまう。これは、大まじめな警告だ！！！

段落は短めに

4行未満の段落どころか、4行未満の小見出しすら書けない書き手もいるようだ。そういう書き手は、「長さ」と「重み」を混同し、「冗長さ」を「強い意志」と取り違え、「分量」を「鋭い洞察」と勘違いしたあげくに、短い段落自体を忌み嫌っている。スプーン一杯のアイスクリーム同様、短い段落では物足りないという気持ちはよくわかる。だからといって、ソフトクリーム製造機の下に頭を突っ込むというのはいかがなものか。

シェリダン・ベイカー（1969）は、段落について、「同じ長方形の枠がいくつも並んでいて、その枠を埋めていく」（17ページ）という

---

*3　文を途中でやめること。

第 2 章　語調と文体

ように考えてみることを提案した。僕らは直感的に、概念のもともとの範囲によって段落の長さが決まる、つまりビッグなアイデア（概念）には多くの字数が必要だと考えがちだが、これはベイカーの方が正しい。文章を書く作業というのは、概念──自分が思っているほどビッグであることはめったにない存在──に規律を持ち込む作業でもあって、標準的な説明的段落──「序論」や「考察」の段落──については、1 段落あたり文 4 〜 6 個を目指せば、段落はうまく流れていくはずだ。普通の長さの段落が並んでいるところに、長大な段落や、文 1 個だけでできている段落がところどころ出てくるというのであれば、それらの段落は、推敲をさぼったあげくに偶然そうなったのではなく、決意をもって意図的にそう書かれているように見えるはずだ。

文に変化をつける

　学術的文章に出てくる文は、たいがいの場合硬めで、句から節へ、コンマからコンマへ、そしてさらにピリオドへと重々しく進んでいく。それでも、文に変化を持たせることができれば、興味をもって読んでもらえる。その方法の 1 つが、「単文」、「複文」、「重文」をとりまぜることで、文に文法的な変化を持たせることだろう。単文は主節が 1 個しかなく、複文は主節 1 個のみと 1 個以上の従属節を持ち、重文はパラレルに配置された等位の主節を 2 個以上持っている（Quirk, Greenbaum, Leech, & Svartvik, 1985）。学術的文章というのは、たいていは長くて複雑で、コンマや希望の力を借りて、かろうじて文のかたちを維持している。

　もう少し素直な方法として、直感的な分類を利用する方法もある。読者は、文のことを、単純、複雑、長い、場所をとるといった暗黙の概念を利用して把握しているものだ。 資料2.3 に、直感的な分類

49

による文のタイプをいくつか挙げておいた。各タイプの文を上手にとりあわせて用いることで、文章が単調になるのを避けられる。文がどれくらい変化に富んでいるかを知りたければ、ラフな方法ではあるけれども、句読法をチェックしてみるもの効果的だ。1ページのなかに、ダッシュ、セミコロン、コロン、疑問符が出てくれば、文に変化を持たせるという意味では、その文章はたいてい合格だ。これは、句読点と文の変化に相関があるというよりは、いろいろな句読法が使われた結果として、文に変化が出たといった方がよいだろう。つまり、文の切れ目にコンマ以外も利用するようにすれば、コンマだらけの重い文体は避けられる。

資料 2.3 文のタイプ（直感的な分類）

- **短い文**：短いというのは、あくまでも相対的なものだ。学術的文章では、9語より少なければ、短いといってよいだろう。
- **長い文**：長い文は、きちんと書けば、生き生きした流れるような文になる。ただし、使いすぎないこと。
- **複雑な文**：これも、いつも見ているはずだ。長くて抽象的な文に、従属節が詰め込まれているのを、読者はどう思うだろう。ドイツ語から急いで翻訳された文だと思うのではなかろうか。ウィルヘルム・ヴントでないなら、こういう文は書かないこと。
- **節や句が挿入された文**：こうした文では、コンマ、ダッシュ、括弧などを用いることで、文の中に有象無象——節や句——が挿入されている。挿入部分は、ダッシュだと強調され、括弧だと逆に弱まる。
- **節や句が足された文**：文を強調部分で終えるには、文の後ろに節や句を足せばよい。ダッシュを用いると、一瞬間をおくことができる——試してみること。

第 2 章　語調と文体

- **重文**：学術的文章では、2 つの事項を比較対照したり、バランスをとったりすることが多い。重文では、それぞれ単独でも成立する 2 つの主節が等位に並ぶ。この場合、形式や構造をきっちりパラレルにするのがポイントだ。
- **疑問文**：疑問文は、読み手を引きつけるということでは、段落の最初や最後の文で使うのがよい。疑問文を 2 つか 3 つ並べておくのも効果的だ。
- **節の列挙**：コロンやダッシュを使ったうえで、必要に応じて番号を振りつつ、主張を列挙していってもよい。
- **邪悪な文**：暗い衝動を感じたら、つまり複雑きわまりなかったり、句読法がきわどかったり、等位関係がてんでなっていなかったりするような悪しき文を書きたいと思ったら、そのまま書いてよい。もう大丈夫。

句読法もだが、等位関係も、文に変化を持たせるための道具立てだというのに、すっかり忘れられている。どうやって 2 つ以上の節や句を等位に配置するのか、よく考えてみてほしい。一番普通のかたち——たぶん、これしか思い浮かばないと思うが——は、接続詞を使った構文（syndeton）だろう。こうした構文では、but や and のような等位接続詞を、最後の要素の手前で使う。接続詞を使った構文は、どこでも見かけるものだ。

- This works for baking bread, repairing mechanical watches, and converting the family lawnmower into a high-horsepower hellion.
（この方法は、パンづくりにも、機械式腕時計の修理にも、家庭用芝刈り機を高出力の暴れん坊に大化けさせるときにも使える。）

しかし、選択肢は、もっといろいろある。その1つが等位接続詞を各要素の前に使うというかたちで、これは接続詞の畳用（polysyndeton）として知られている。普段特に意識していないかもしれないが、よく見かけているはずだ。

- Unmuffled by blood and bone and brain, it sounds familiar yet unsettling, as if you were overhearing a grad student doing an uncanny impression of you.
  （それ［録音された自分の声］を、血液や骨や脳を介さずに直接聞くと、聞き慣れた声のように感じられる反面、大学院生に怪しいモノマネをされているようで薄気味悪くもある。）

この文は、1つ目の and を省いて「unmuffled by blood, bone, and brain」とすると、普通の接続詞を用いた構文（syndeton）になるわけだ。接続詞の畳用というと、僕はスティーブン・ピンカーを思い出す。ピンカーは、優れた書き手なのだが、着慣れたセーターのように接続詞を畳用する。『*Words and Rules*』（Pinker, 1999）の最初の何ページかを読んだだけで、こんなくだりに出くわすわけだ。

- "All over the world members of our species fashion their breath into hisses and hums and squeaks and pops and listen to others do the same"（1ページ）.
  （世界中で、我々の種のメンバーが、息を無声音や鼻音や金切り声や破裂音として発しつつ、他のメンバーによる同じ行為に耳を澄ましている。）
- "Inside everyone's head there must be a code or protocol or set of rules that specifies how words may be arranged into meaningful combinations"（4ページ）.

（各人の脳内には、どうやって単語を意味のある組み合わせとして配置するのかについて具体的に規定した暗号やプロトコルや一連のルールがあるに違いない。）

接頭語に慣れている人なら、とっくにお見通しだろうが[*4]、接続詞に関しては、接続詞の省略（asyndeton）という選択肢もある。つまり、等位接続詞を省略するわけだ。

- Some writers fear runty paragraphs, confusing length with heft, wordiness with purpose, size with insight.
（そういう書き手は、「長さ」と「重さ」を混同し、「冗長さ」を「強い意志」と取り違え、「分量」を「鋭い洞察」と勘違いしたあげくに、短い段落自体を忌み嫌っている。）
- Writing for impact is trying to change the conversation: pointing out something new and interesting, changing how people think about a familiar problem, refining the field's vocabulary, adding new concepts and tools.
（インパクトを目的として書くというのは、会話の内容に変化をもたらそうと努力をすること、つまり、何か新しくておもしろいことを指摘したり、身近な問題についての考える筋道を変容させたり、その分野の用語を洗練させたり、新たな概念やツールを加えたりするということだ。）

接続詞の省略というのは、案外一般的だ。セミコロンを使って、

[*4] asyndeton には、接頭語 a（without や not という意味）がついている。なお、前ページに出てきた polysyndeton には、接頭語 poly（複数、多数という意味）がついている。

重文を等位に配置するというのも接続詞省略の一形態だし、一番身近なのは、APAスタイルの引用ルールかもしれない。この場合、2つ以上の文献を、セミコロンを介して、接続詞なしで括弧内に等位に並べていくことになる。

文は短くすっきりと

長い文がよくないことくらい、誰でもわかっているし、それこそ耳にたこができるくらい聞かされてきてもいる。しかし、人に対して「長い文を書くな」とさとすのは、やれ「禁煙しろ」、「毎日運動しろ」とすすめたり、「ドーナツにベーコンを巻くな」とさとしたりするようなものだ。長い文というのは、文章を読まされる側からすれば、受動喫煙のようなものだ。書き手が自宅で何をしようが勝手だが、読み手にとってみれば、公共の場で長文と格闘させられるいわれはない。

長文の箇所は目で見てわかる。いかにも黒々としていて、長い単語や長文だらけの長い段落が続く文章だと、読み手は、舌を噛むような用語が頻出する棘だらけの藪をかきわけるべく斧をかまえて身構えざるをえない。一方、段落、文、単語のどれも短い、見た目にも白っぽい文章というのもある。簡潔であることで、黒い文字列に対して白っぽい空間が創出され、とっつきやすい文章になる。

段落は短い方がよいというのは、すでに述べたとおりだ。ベイカー（1969）の「文4個〜6個分の枠」というのも、執筆しながら文章をコントロールするうえで、1つの方法だろう。短い文を書くための戦略は2つしかない。「ダラダラ書かない」、そして「余分な部分は削る」——これだけだ。ダラダラ書かない方は簡単だろう。文に、従属節や句を足したくなったら、立ち止まって深呼吸をして、書き連ね続けるかわりにピリオドを打てばよい。削る方は、少し練習が

いる。文法的な短縮法である「省略」を用いることで（Quirk *et al.*, 1985, 12章）、文から単語や句を削ればよいということだ。読み手に気づかれることはない。

- Most psychologists who claim to know a lot about writing don't [know a lot about writing].
  （ライティングに関して多くを知っていると主張する心理学者の大半は、［ライティングに関して多くを］知ってなどいない。）
- I wear a size medium, if you're making some [T-shirts].
  （僕のサイズはM、もし君が［Tシャツを］こしらえる予定があるなら。）
- Even if the viewpoints are the same, only one [of the viewpoints] has a mature foundation.
  （仮に立場が一致しているとしても、成熟した基盤があるのは一方［の立場］のみだ。）
- Using ellipsis, [which is] a method of grammatical reduction, you can chop words and phrases from your sentences.
  （文法的な短縮法である「省略」を用いることで、文から単語や句を削ることができる。）

なるべくたくさん削ってみて、どこまで「省略」をきわめられるか確認しよう。

短めの単語を選ぶのは、簡単なはずなのだが、習慣から脱するというのは、古くからの習慣そのものを廃するのと同じくらい難しい。短いより長い方が, 直接的であるよりは間接的な方が、具体的であるより抽象的な方がよいとされてきたのが学術的文章なのだろうし、実際、学術的文章である以上、長めの単語を使わざるをえないこともある。でも、そうでないことの方がずっと多いはずだ。「however」

でなく「but」を、「individuals」でなく「people」を、「attempt」でなく「try」を、「utilize」でなく「use」を選ぶことを考えてみよう。僕には、そもそも「individuals」が使われている理由というのが皆目見当がつかない。社会学者が愛してやまないこの5音節の語彙は、侵略的な移入種や、地上で営巣する かわいらしい鳥たちを丸呑みする忌まわしいヘビのような存在だ。まじめな話、人々（people）——individualsならなおのこと——については、「individuals」を使うのをやめて、「person」や「people」、さらには「学生」、「退役軍人」、「子ども」、「市民」といった具体的な分類を使うべきだと思う。

　僕の場合、おもしろかろうが、ばかばかしかろうが、印象が強い語彙を目や耳にしたときには、デスクトップマシンのファイルに、とりあえず書き込んでいる。自分の文章でそうした語彙を使うことはめったにないものの（1つの文でraconteur（話し上手な人）とcuneiform（くさび形の）を同時に使う方法を思いついたら、僕に知らせてくれたまえ）、そうした語彙を使うことがまったくないわけではない。ともあれ、リストに書き込んでいることで、きらびやかな語彙の数々ともつきあいが続いているというわけだ。

2-3 文体の「べからず集」について考える

　ライティングに関して多くを知っていると主張する学者の大半は、多くを知ってなどいない。彼らが依拠するのは、苦心して身につけたレトリックをめぐる文章展開上の知識や、その表現を書き手がなぜ選んだのかについての繊細な感覚ではなく、院生時代に教え込まれた恣意的な「べからず集」というのが実情だろう。「短縮形を使ってはならない」、「thisやthatは、次に名詞が来るかたち以外では使ってはならない」、「たとえ何世紀もの輝ける科学の蓄積が足

第 2 章　語調と文体

下で無に帰そうとも、「That book argued ... ［that book が主語］」や「This study found ... ［This study が主語］」などと書いてはならない」といった具合だ。闊達な書き手であれば、こうした「べからず集」で禁止されていることも、十分選択肢の 1 つとなることがわかるはずだし、自分が何をしているのかを承知している限りは、短縮形を放置しても一向にかまわない。このあたりは、親の政治信条を猿まねするのと、自分なりの政治信条を持つのとの違いに似ているかもしれない。仮に立場が一致するとしても、成熟した基盤があるのは一方のみだ。

　しかし、こうした選択に何か裏付けがあることなど、めったにない。指示代名詞について文句を言う手合いは、自分が文句を言っている対象に「指示代名詞」という名称があることを、まず知らない。つまり、カビ臭い「べからず集」に載っている話を「自分も言われたから」というだけで繰り返しているだけのことが多い。こういうしょうもない「べからず集」は、合理性をもって検討してみることが大事だと思う。以下、一緒に考えてみよう。

一人称代名詞

　学部学生だったころ、僕は繰り返し一人称代名詞について警告を受けた。一人称代名詞というのは、大学の敷地の端っこをうろつく不審人物のような存在だったわけだ。「論文は、日記ではない」と語った教授もいた。ときは 1990 年代。まだ、人々が心の奥の秘密を、ウェブに投稿するのではなく小さな帳面に書き込んでいたころのことだ。そして教授は、「科学は、君個人の考えではない」と続けるのだった。「I」や「we」の使用を戒める議論は、客観性と妥当性を混同するたぐいの科学モデルに由来する。一人称代名詞の使用を戒める人々というのは、人間が科学に及ぼす影響を隠蔽することに

よって、自分たちの研究が、利害関係を何ら有さず、偏見とも無縁で、普遍の存在であるかのように見えるようにしたいわけだ。

その後、APAスタイルでも、一人称代名詞の使用を積極的に認めるようになったし、僕の感覚では、たいがいの人にとって、一人称代名詞はすんなり受け入れられる存在なのではないかと思う。一人称代名詞を使うと文章がインフォーマルな感じになるということもあり、一人称代名詞は語調をコントロールするうえでも使い勝手がよい。協調的な語調が必要な文章では、書き手と読み手をつないでくれる一人称複数代名詞を用いることもできるだろう。weの一形態である総称的で包括的なwe（generic, inclusive we）は、書き手や読み手よりもっとずっと広い一群の人々、たとえば、学術的文章の書き手、心理学の研究者、人類全員などの一部としての書き手と読み手を指す。weの別の形態である包括的な執筆者のwe（inclusive authorial we）は、ペアとしての書き手と読み手を指す。本書では、直接読み手をyouと呼ぶことも含め、両方の形態のweを見かけるはずだ。単一の書き手が、複数の人格を用いたときには、こうしたweの形態は、王様のwe（royal we）[*5]を装ったweと混同されることも多いのだが、だからといって、自分自身と自分の読み手とを関連づけるさまざまな方法を探ることをあきらめないでほしい。

メトニミー（換喩）[*6]

無生物、特に本（book）、知見（finding）、理論（theory）などを主語にしてはならないと言われたことはないだろうか。このトピックに

[*5] 国王が公式に自己を表示する際に使用するwe、朕。
[*6] この項目で扱われる表現の多くは、従来「無生物主語」の枠組みで議論されてきた事柄である。「メトニミー」の枠組みで議論することで、書き手が無生物主語を用いるときの頭の中が見通せるようになる。

なると、「本が、賛成したりするわけないだろ。本は本。本が本棚から飛び出して、しゃべりまくったなんて話は聞いたことがない。何かに賛意を表明できるのは、人間である本の著者だけだ」などと言いつのることにもなりがちなようだ。あげくのはてには、短い「The literature suggests（文献が示唆するところによれば）」でなく、長い「On the basis of our interpretation of the literature, we would suggest（文献についての我々の解釈にもとづくなら、我々は〜を提案することになる）」の方がよいとさとされたりもする。

　実は、これはメトニミー（換喩、metonymy）だ。メトニミーというのは、ある種の比喩的発想で、姉貴分のメタファー（隠喩、暗喩）ともども、比喩表現の双璧である。比喩表現が文学表現の飾り物ではないのは、言語学も教えるところで、発話や発想というのは、たいていは比喩的だったりもする（Gibbs, 1994; Lakoff & Johnson, 1980）。ビギナーが明瞭な文章を書こうとすると、一語一句にとらわれがちだが、人間というのは、そもそも比喩を介して考える存在なのだから、文章も、比喩的な発想に訴えかけた方がわかりやすくなる。「This theory proposes（この説は〜と提案する）」という表現は、字面レベルでは正しいとは言えないかもしれない。でも、生き生きとした比喩的な意味があるので、誤解を生じることはまずない。

　メトニミーというのは、置換をベースとした比喩の技法である。一部をもって全体を表現したり、特徴で対象を表現したり、結果で原因を表現したり、行為でその主体を表現したり、その特定の場所に存在するもので、場所を表現したりするのが代表例だろう。おそらくは、一部で全体を表現するというのが、メトニミーの原型で（Peirsman & Geeraerts, 2006）、車を褒めるときに「nice car」と言うかわりに「nice wheels」と言ったり、金持ちやヒッピーを「スーツ」や「ロングヘア」で揶揄したりするのも、「全体」を「特徴」で置換しているわけだ。

メトニミーは、さまざまな形態のものが、そこらじゅうで使われている。「I'm picking up some coffee—want some?（コーヒーを買ってくるけど、君も飲む？）」というケースを考えてみよう。この一見何の変哲もない文は、実は、メトニミーの宝庫だったりする。「picking up」は、（職場から店まで出向いて注文をして支払うといった）一連のいくつもの振る舞いのかわりに、最後の行為（カップをつかむ行為）に言及するものだし、「coffee」は、容器のかわりに容器の内容物（カップの中の液体）に言及しているわけである。同様に、「four-year college（4年制の大学）」は、大学そのものが4年というわけでもなく、学部学生は一応4年通うにせよ、この表現自体は、カリキュラムや歴史の複雑な総体をメトニミーとして置換しているわけである。「The book argued（この本が論じているのは）」というのも古典的なメトニミーで、製作者（著者）のかわりに製造物（本）が使われているわけだ（この形態は、代換法（hypallage）と呼ばれることもあり、主体と対象とを取り換える技法である）。英語は、こうした表現が豊富で、そのあたりの事情は学術雑誌も同じだ。学術的文章でよく見られるメトニミーの例を、 資料2.4 に挙げておく。

資料2.4　普段使いのメトニミー

　学術的文章では、メトニミーが多用される。「the book claimed（本の主張するところによれば）」同様、以下の例も、主体と思われる存在（たいていは、people（人）か researchers（研究者））が、別のものに置き換えられている。

◆ The following examples have replaced ...（以下の例によって、〜が置き換えられることになった）

- A glance shows ...（一目でわかるように〜）
- A large literature demonstrates ...（多くの文献からわかるように〜）
- This theory contends ...（この理論の主張するところによれば〜）
- Recent research, however, contradicts ...（しかし、最近の研究は〜とは矛盾を示しており）
- A more nuanced approach reveals ...（もっと繊細なアプローチによってわかるのは〜）
- Our findings indicate ...（我々の知見から示唆されるのは〜）
- More attention to assessment will enhance ...（評価内容をもっと注意深く検討すると〜が高まる）
- The rise of new technology afforded ...（新技術の出現により〜が可能となった）
- A century of thought suggests ...（一世紀にわたって考察されてきた結果から示唆されるのは〜）
- Latent variable models distinguish ...（潜在変数モデルによって区別されるのは〜）
- Figure 2 depicts ...（図2にも描かれているように〜）
- The outcome of the statistical test supported ...（統計検定の結果から裏付けられるように〜）
- New metrics of heart rate variability can clarify ...（心拍数のばらつきについての新たな基準によって、〜が明らかになる）
- Qualitative methods illuminate ...（定量的方法によって、〜が明らかになる）
- A moment's reflection, however, casts doubt ...（しかし、少しでも考えてみれば、〜に疑いが生じる）

メトニミーは不可避の存在だ。僕らの頭は、経験を比喩的に構成

するし、僕らの言語は、一字一句というより、比喩的に記述される。それだけではない。メトニミーは、文中で使用することがむしろ望ましい存在でもある。特徴を延々と列挙しなくても済むので、文章がコンパクトになるし、特徴が具体的に強調されることで、文章が生き生きとした興味を持てる存在になる。また、比喩的な思考に訴えかけることで、文章がわかりやすくもなる。

　この最後のわかりやすさこそが、メトニミーの核心部分かもしれない。メトニミー表現は、あまりにもわかりやすいために、比喩的表現であることが気づかれないことも多い。「A quick glance shows,（一瞥しただけでわかるように、）」、「Qualitative methods reveal,（定量的方法によってわかるのは、）」、「Empirically supported treatments emphasize,（実証的に裏付けられた処置によって強調されるのは、）」、「A feminist analysis sheds light on,（フェミニズム的分析から見えてきた事柄としては、）」、「Multilevel models handle nested scores by（マルチレベルモデルでは、入れ子構造のスコアを、〜によって）」といったかたちで始まる文に、いちいち「いったいぜんたい、どうやって一瞥や方法が、何かを示したりできるんだ？　意味不明！」などと反応するのは、あえて鈍いふりをしている人だけではなかろうか。この手の人々は、読み手や英語という言語に対してもっと敬意を払うべきだと思う。誰もがメトニミーを理解できるのは、そもそも我々の頭が比喩的に考えているからであって、書き手は、よい文章を書くべく、メトニミーをどんどん使えばよい。周囲や指導者から文句が出るようなら、「でも、『*Write It Up*』という本が、メトニミーをどんどん使えと主張していました」と言っておこう。もし、「それは違う。どんどん使えと言ってるのは本の著者だ」と彼らが言うようなら、「そういう主張をしているのは本だけだ」と言ってやろう。僕本人は、どちらの書き方でも、特にかまわない。

第 2 章　語調と文体

分離不定詞

　古い学派の文法学者——学生時代には、ろうそくや石炭を毎日持参し、ムチで追い立てられていたような人々——は、ラテン語を偏愛しており、現代言語のすべてがラテン語から発したと信じていたようだ。そして、「to critically examine（厳しく吟味する）」のような分離不定詞[*7]についても、ラテン語の1単語の不定詞は分離できないという理由で、好ましくないとしてきたのである。僕としては、現代の文章を執筆するにあたっても、分離不定詞は使わないよう強くおすすめしたい。エディターや査読者から、ラテン語文法知識を馬鹿にされ、同僚や同輩から俗ラテン語だと笑いものにされるからである。といっても、これは、ラテン語で論文を投稿しようという場合のことで、英語での投稿を予定しているなら、不定詞が2単語から構成され、バナナと同じく途中で切っても味が変わらない以上、気楽に構え、19世紀をひきずったような古くさいアドバイスは無視してよい。

短縮形

　短縮形がいかに悪しざまに言われてきたかを考えれば、短縮形が使用しづらいという気持ちはよくわかる。短縮形をめぐる状況は、フロイト派の言う反動形成のようなものではなかろうか。僕が思い浮かべるのは、短縮形の否定論者が、照明を落とした暗いオフィスに1人でいるときに思わず isn't や couldn't とタイプしてしまい、その後、恥辱感や自己嫌悪感にさいなまれるという情景だ。同僚が「論

[*7]　分離不定詞：to critically examine のように to 不定詞の間に副詞（句）などが挟まった形式。

文では、短縮形は許されない(aren't acceptable)」と言うのを、僕は幾度となく耳にしてきた(実際には、彼らが「are not acceptable」と言うことはまずない)。でも、なぜ使ってはならないのだろう。「キスをすると妊娠する」というのと同様、「短縮形は許されない」というのも、代々受け継がれてきた迷信ではないだろうか。ノンフィクションの文体や用法について扱った書籍では、多くの研究者がフォーマルだと考えるような文章についても、短縮形の使用が推奨されている(Garner, 2009; Zinsser, 2006 など)。

語調をコントロールするうえでは、標準的な短縮形はどんどん使うべきだ。短縮形は、語調のフォーマルさを適宜コントロールし、個人間の会話のような緩やかさを醸し出すのに欠かせない。英語の話し言葉で短縮形を使わないようにするのは、きわめてフォーマルなケースに限られるので、短縮形不使用の文章は地味で儀式的な語調となってしまう。また、短縮形の方が、脳内の響きが柔らかくなり、強勢や強調も少なくなる。多くの短縮形では、音韻が省かれて音が抜け落ちる結果、響きがやわらかになっている(Quirk *et al.*, 1985, 123 ページ)。会話の場合、たとえば「isn't」であれば、/nt/の音は /t/ が省かれて /n/ になるのが通例だ。次の 2 つの文を声に出して読んでみてほしい。どんなふうに聞こえるだろう。

- Our central prediction was not supported.［短縮形不使用］
- Our central prediction wasn't supported.［短縮形使用］

「was not」の場合、シャープな「t」の音が温存され、「not」が強調される。一方、「wasn't」では、最後の「t」の音が省かれ、「not」が強調されることはない。

語調をコントロールするには、言葉にひそむ隠れた因果関係を理解するしかない。フォーマルできっぱりとした響きがほしいなら短

縮形は使わず、インフォーマルで柔らかい響きがほしければ短縮形を使う。ひたすら短縮形を使うのは、短縮形を一切使わないのと同じくらい愚かだが、同じ愚かということでは、短縮形を一切使わないケースの方をよく見かける。きっぱり語り続ける限り、きっぱり語ることなど不可能なわけで、短縮形を使わないということであれば、限られた範囲の語調しか使えない。

文頭の And、But、Because

都市伝説の一種で、「文を And、But、Because で書き始めるな」というのも、誰かが誰かから聞いて、その誰かも誰かから聞いて、その誰かも親戚から聞いたといったたぐいなのだろう。堅いノンフィクションの骨太な文章の場合、結構な割合──8％程度（Garner, 2009, 122 ページ）──の文が、接続詞から始まっているという。But は、最初の一語として申し分ない。文頭に But を用いれば、たった1音節で方向の変化を知らせられる。文頭の And もキレのよい標識だ。And の前で述べられていた内容が And の後で精緻化されることを、ささっと示してくれる。これらの単語は、議論の方向性を示すので、段落冒頭の文を書き始めるのに、うってつけだ。

この都市伝説を信じた場合には、カビの生えた冗長な表現を使うしかなくなる。つまり、さらっとした But のかわりに、重々しい3音節の However を、そして And のかわりに、文鎮のような In addition、Furthermore、Moreover などを使うことになる。

And、But、Because で始まる文も混ざっていないと、文章はきちんとした響きにはならない。頻度としては、But や Because の方が And より多いだろう。でも、この3つはどれも、なめらかな文章を書くうえで欠かせない。とりあえず、文の 5～10 ％を、And、But、Because で始めてみよう（この範囲にしてみたのは、僕の親戚による

と、人は脳の5〜10％しか使っていないからだ）。

指示代名詞

　べからず集のなかでも妙なのが、「「this」や「that」は、それが指す名詞と一緒でない限り使ってはならない」というものだ。この話は、たいてい説教口調で語られ、曰く、「まかり間違っても、「This indictates」なんて書くもんじゃない。Thisっていったい何なんだい？　説のこと？　知見のこと？　それともカモノハシのこと？　Thisだけじゃ何だってOKってことになっちまうだろ。論文は常に厳密じゃなきゃダメなんだ」。僕らは、こうやって、「This suggests」はダメで、「This finding suggests」ならよいと学んできた。ここでの悪者は指示代名詞、つまり先行する複雑な存在——節、文、ある事柄についての意味上の単位——をたった一単語で引き受けてしまうthis、that、these、thoseである（Givón, 1983; Quirk *et al.*, 1985）。上品な代名詞「he」が、男1人にしか言及できないのに対し、屈強な代名詞「that」なら、多数の文字を使って長々と表明された複雑な発想に対してであっても、簡単に言及できてしまう。

　べからず集の方が正しいということはあるのだろうか。もし指示代名詞が混乱の種をまき、読み手に無用の頭脳労働を強いるのであれば、指示代名詞を使わないことにも意味があるだろう。また、指示代名詞が、少しでも気を抜こうものならどれがどれのことかさっぱりわからなくなるような難読文にたくさん出てくるというのも事実だろう。たとえば、成長物語の定番ともいえるノーマン・ブリッドウェル（1966）の『*Clifford Takes a Trip*（クリフォード旅に出る（邦題：クリフォード　なつのおもいでの巻）』で、大きな赤い犬のクリフォードは、飼い主のエミリー・エリザベスを探す途上、難題に遭遇する。「And then he came to a toll bridge. Clifford had no money.

第 2 章 語調と文体

But that didn't stop him.(そして、クリフォードは、通行料が必要な橋にやってきた。クリフォードはお金を持っていなかった。でも、そのことで、クリフォードが歩みを止めることはなかった)」。もう1つ例を挙げてみよう。マーサ・メイヤーの(1983)『*I Was so Mad*(僕は怒っていた)』である。この作品では、主人公のリトル・クリッターの経験を通して、怒りと権威をめぐる興味深い見解が展開される。

● Dad said, "Why don't you play in the sandbox?" I didn't want to do that. Mom said, "Why don't you play on the slide?" I didn't want to do that, either. I was too mad.(パパは言った。/「なぜ、砂場で遊ばないんだい？」/そんなの、嫌だったんだ。/ママは言った。/「なぜ、滑り台で遊ばないの？」/それも、嫌だったんだ。/ぼくは、カンカンに怒っていたんだ。)

これでは、まるで『ライ麦畑でつかまえて』の3歳児版だ。

　誤解は、怖れなくてよい。読み手をある程度信じてもよい。言語学でも、心強い研究結果が出ている。指示代名詞が何を指しているかは簡単にわかるというのが、トピックの連続性について調べた研究結果だったりする(Brown, 1983; Givón, 1983など)。指示代名詞は、それが指し示す対象の近くに出現するもので、何段落も、何ページも後に出てくるわけではない。だから、(不安になるのはわかるけれども)読み手諸氏も、ちゃんとわかってくれる。『*I Was so Mad*(僕は怒っていた)』のような子ども向けの定番書籍で大丈夫なら、『*Journal of Emotional and Behavioral Disorders*(感情・行動障害雑誌)』でも、大丈夫なはずだ。
　指示代名詞はどんどん使うべきだ。指示代名詞の使用は、文法的

にも正しいし、文体としての効果も大きい。指示代名詞がどう機能するかについては、2つの相互に関連するかたちで理解できる。

1つ目。指示代名詞を使うということは、状況に応じて適宜省略を行うということであり、文法にのっとった短縮、つまり反復部分の削除を行うということである。省略法を用いると文章がコンパクトでなめらかになることは、すでに述べたとおりだ。指示代名詞は、状況的な省略法——目の前にある文章の外で、読み手と書き手が共有している知識に依拠するようなタイプの省略法——だと見なすことができる。

- Unexpectedly, none of the seven experiments supported our predictions. This [apocalyptic, face-scraping failure] suggests that our model should be reconsidered.
（意外なことに、7つの実験のいずれによっても、我々の予測は支持されなかった。このこと［黙示録的な赤っ恥的失策］は、我々のモデルが再考を要することを示唆している。）

2つ目。指示代名詞を使うということは、前方照応——先行部分に出てきた事柄を文法にのっとって置換すること——だといえる。つまり、that の部分は前方を照応しているということだ。

- Need to learn multilevel models, focus-group methods, or Bayesian statistics? There are books for that [learning multilevel models, focus-group methods, or Bayesian statistics].
（多層モデルや、フォーカスグループ法や、ベイズ統計学を学ばねばならないとしよう。これらについては、それぞれ、その［多層モデルや、フォーカスグループ法や、ベイズ統計学を学ぶ］ための本がある。）

第 2 章　語調と文体

● A recent meta-analysis, however, found substantial heterogeneity. In light of that [finding], we explored several likely moderators.
（しかし、最近のメタアナリシスでは、実質的な不均質性が見い出された。その［見い出された］点に鑑み、我々はいくつかの可能性のあるモデレーターを探索した。）

先行部分に出てきた事柄が、非存在性によって置換される場合もある。この形態は、ゼロ照応と言われる。

● Dad said, "Why don't you play in the sandbox?" I didn't want to [play in the sandbox]. Mom said, "Why don't you play on the slide?" I didn't want to [play on the slide], either. I was too mad.
（パパは言った。/「なぜ、砂場で遊ばないんだい？」/ そんなの、嫌だったんだ。/ ママは言った。/「なぜ、滑り台で遊ばないの？」/ それも、嫌だったんだ。/ ぼくは、カンカンに怒っていたんだ。）

文法的解釈はともかく、実際問題として、指示代名詞を用いると文章のつながり具合が向上し、読みやすくなる。指示する対象を再度明示するのではなく、指示代名詞が使われているということは、その部分が、すでに出てきた部分（指示対象部分）と密接に関連しているということだ。なので、読み手には、つながり（cohesion）がピンと来る（Oh, 2005, 2006; Quirk et al., 1985）。皮肉なことだが、明瞭な文章を書きたいから指示代名詞は使わない人は、文章を読みにくくしているということになる。

　文法も、語法も、文体も、すべて君の味方だ。次に指導者から「that なんか使って、いったい何を指しているの。that が何をさして

いるかなんてわからない」と言われても、引き下がる必要はない。クヮークら（Quirk *et al.,* 1985）の教科書を胸に抱きしめつつ反論しよう。うまくいくはずだ。

【 ……………………………… **まとめ** ……………………………… 】

　本章では、性感染症のスライドを抱えてハイスクールを訪問してまわる啓蒙班よろしく、どうやって賢明な判断をくだすかについて述べてきた。僕としては、なるべくインフォーマルで、書き手の人格が感じられるような文体を選択してもらいたいと思うけれども、ライティングに関してよく理解したうえでなら、どんな選択でもかまわない。本章では、いくつかの問題について考え、方向性を示してきたが、これらはほんのさわりにすぎない。よい文章を書けるようになるには、文章の執筆について書かれた本を何冊も読んで上質な時間を過ごし、アドバイスを実践しつつ高い水準を維持していく努力が必要だ。ウィリアム・ジンサー（2006）も指摘している。「文章というのは、書こうとした以上のものは書けない」（302ページ）。

第3章 一緒に書く：共著論文執筆のヒント

地獄とは他者のことである　ジャン・ポール・サルトル

「孤島のごとくある人なし」。人はひとりっきりで孤島に暮らしているわけではないが、なかには、埋め立て地のゴミの中に住んでいるような人もいる。大学教員が、無駄にいらだつことは日常茶飯事とはいえ、表立って激怒することはまずない。しかし、原稿の執筆を引き受けたまま、催促のメールを送っても返事もよこさないような共同研究者には、大学教員といえども激怒するようだ。僕がライティングについて講演すると、「いま、家の中で殺し屋が叫んでいる」式の質問を受けることも多い。質問の主はたいてい若い助教で、講演の合間や終了後に聴衆がまばらになった頃合いを見計らって、こんな質問を投げかけてくるわけだ。「僕の共同研究者が、自分の担当部分を書いてくれないんですが、どうすれば書いてもらえるでしょう？　8ヵ月も音沙汰がなくって…。僕の3年目の評価がもうすぐなのに、催促しても効き目がないし、もう打つ手なしで…。あっ、そっちは見ないでください。いまこっちに歩いてくるのがその彼です」。

本章では、この点、つまり共同執筆に際して、何がダメで、何がうまくいくのかについて取り上げる。「自分が書くと言っていた部分をきちんと書かせるには、どうすればよいのだろう」、「複数名での共同執筆をもっとスムーズに進めるにはどうすればよいのだろう」、「これ以上ひどくなる前に、この惨状を終わらせるにはどうすればよ

いのだろう」といった事柄だ。奇妙なことに、「共同執筆はどうすればうまくいくか」、「作業が進むチームはどうすれば作れるか」、「自分たちの共同執筆チームを、カフェイン中毒のチーターの群れのような厳格かつしなやかなチームにするには、どうすればよいか」といった前向きな方向での質問を受けることはほとんどない。

3-1 なぜ一緒に書くのか

　共同研究が行われる理由はまちまちだが、最悪の理由は、自分以外の誰かが執筆作業を引き受けてくれるのではないかという、けっして口にできない願望だろう。たいていの人にとっては、アイデアを思いついたり、データを集めたりする方が、アイデアやデータを文章にするよりずっと楽なので、その逆の人、つまりデータは持っていないが、書くのは速い人を見つけたいと夢想することになる。しかし、この「逆を思い浮かべる」式の夢はまったくのファンタジーでしかない。データを集めるだけの人や、データを解析するだけの人はいるが、自分自身の研究プログラムを持たずに執筆だけを行う人というのはいないからだ。でも、このことは、ある警告――僕が若手全員にしっかり覚えておいてほしい警告――をはっきり示している。つまり、書くのが苦手な研究者というのは、常に、書くのが得意な研究者を利用したがるものであり、その格好の餌食になるのが、熱意があってチーム指向だが、価値ある共同研究を吸血鬼のそれと見分けるだけの経験を積んでいない若い研究者だということだ。

　共同研究を行うことにすばらしい理由がたくさんあることは間違いない。チームという存在が必要なプロジェクトというのは確かにあって、現場が複数にまたがるプロジェクト、根拠にもとづく結果の検証を行うプロジェクト、縦断的な研究を行うプロジェクトなど

がそうだろう。そうしたプロジェクトは、きちんと組織されたチームがない限り必要な助成金すら受けられない。別の理由として、多くの研究者からスキル、アイデア、習慣などを学べるということもあって、この点も大事だ。大学院を出てしまえば、授業を聞いたり、徒弟奉公をしたりする時間はなくなる。同僚と一緒に仕事をすることは、研究に際しての価値観や方法論を拡張してくれる継続教育ということにもなる。とはいえ、多くの共同研究プロジェクトは、自分1人でもおそらくは可能だが、仲間と一緒に仕事ができればもっと楽しいとったプロジェクトだろう。ビデオゲームで遊んだり、ヘアブラシをマイクにみたててデュエットしたりするかわりに、実験を計画し、データにやきもきし、辛口のレビューについて愚痴を言うというわけだ。おとなの楽しみはたくさんある。

3-2 やめておいた方がよいケース：避けた方がよい相手

どういう人が厄介な共同研究者なのだろう。厄介な共同研究者とはどんなふうなのだろう。どうやって、荒野の中で見分ければよいのだろう。

忙しすぎる共同研究者

本人曰く「ともかく忙しい」という理由で共同研究を台無しにする疫病神のような共同研究者もいて、そういう人がいると共同執筆はうまくいかない。彼らは、2つの時間を生きている。学期中というクレイジーな時間（つまり、授業のある時期±1週間）と、遅れを取り戻すための時間だ。こういう人は、同僚であろうが、学生であろうが、通りがかった人であろうが、相手かまわず自分がいかに多忙

かを吹聴しまくっているからすぐわかる。これでは、教会の牧師が忙しすぎるからという理由で礼拝に出ないようなものだろう。大学教員というのは、授業もしなくてはならないし、気の利いた会話のためにはNPR系のラジオ番組も聞かないとならないし、「いまどきの若者」について悲嘆にくれなくてはならないし、類語辞典で「忙しい」の類語を探さねばならないし、自家用車（古い2ストエンジンのサーブ）のためにガソリンとエンジンオイルも混合せねばならないので、とても忙しい。

大学教員には、つつましやかな時間管理として執筆スケジュールを組んで——つまり、執筆のための時間帯を決めて、その時間帯は執筆作業に取り組むことで——きちんと応えてくれる人も少なくない（Silvia, 2007）。一方、気まぐれでカオスな宇宙に身を任せ、2ヵ月前に渡しておいた原稿を読んで訂正を入れるより、自分がいかに多忙かを愚痴る方を選ぶような輩もいる。完成目前の原稿を自分の手元に置いたまま、ずっと戻さない共同研究者もいるということだ。3ヵ月や4ヵ月待たされることはめずらしくないし、若干のコメントと訂正のためだけに、1年以上待たされた話さえ耳にする。

僕が気づいたのは、多忙きわまりない共同研究者に特段悪気はないということだ。彼らだって、もっと早く書きたいし、プロジェクトを迅速に進行させたいと願っている。けれども、悪しき習慣やダメな時間管理に加え、執筆スキルに難があることで遅れが生じ、これが罪悪感となって穏やかな口調のリマインダーにさえ拒否反応が起きるようになり、さらに罪悪感が高まるわけだ。こうした場合、最後には、論文のことを考えたくなくなる。些細なコメントしかつけずに返送すれば、怖れていたこと——そう、自分も、原稿を読んで訂正するだけで4ヵ月もかかる哀れなやつらの1人だということ——を認めることになってしまうからだ。

第 3 章　一緒に書く：共著論文執筆のヒント

熱すぎる共同研究者

　妙な能力ゆえに、周囲を巻き込んでしまう人は多い。胸躍るアイデアをどんどん思いつく人物や、まわりをその気にさせる大物感のある人物などがその好例だろう。こういう人物は共同研究に惨事を引き起こしかねない。研究プロジェクトにとって、熱狂とは、地平線に現れた暗雲や遠くに見える氷山、あるいは以前コーヒーメーカーがあったのに、いまはポッカリと空いている空間のようなものだ。

　論文執筆のビギナーは、こうしたことを耳にすると驚くかもしれない。ここは僕の世代らしく、少年サッカーチーム――勝つことより、強い意志をもって挑戦し続けることの方を尊ぶ少年サッカーチーム――になぞらえて考えてみよう。文章を書く際には、応援団を、フィールドでプレイ中のチームと混同しないよう注意すること。熱狂は何も約束しないし、情熱は何も貢献しない。熱い共同研究者は、アイデアの展開中はものすごく熱中しているのだが、データを体系化したり、評点をつけたりする段になると腰砕けになり、文章を書き、文献を見つけ、図を作成する段になると火が消えたようになってしまう。

　情熱や熱狂に水を差したくはない。アイデアへの愛があればこそ、僕らの科学の営みが成立しているからだ。でも、研究への熱中度が高まったときには、注意が必要だ。熱狂は安価だが、執筆には高い対価が必要だ。きらめくアイデアのすべてに、実行に移す意味があるわけではない。チームが、おいしい新アイデアのとりこになったときに、「解析や執筆の作業は誰がやるんですか？」とは、切り出しにくい。そして、饒舌な共同研究者はといえば、誰もこのことを尋ねないことを心の底で願っている。もちろん、「君たちだよ」というのが答えだからだ。

能力の無さすぎる共同研究者

　もし共同研究をうまく進める鉄則があるとすれば、「自分を本当に必要としている人とは、一緒に仕事をするな」というのが、たぶんそうだろう。研究者には、それなりの割合で、研究に必須の作業——よいアイデアを見つけ、アイデアを計画のかたちに移し、計画を実行するといった科学に欠かせない作業の数々——のほとんどが不得手という人がいる。彼らは、必要にせまられても自分ではプロジェクトを文章にすることができないわけで、唯一の選択肢は、暗くて窓のない奥の院へと、能力のある研究者をおびきよせることだったりする。大学院生や助教は、格好の餌食だ。

　テニュア・トラックの仕事にすでに就いていて十分な数の論文も発表してきているのに書く能力がない研究者というのは想像しにくいかもしれないが、そういう人たちはたしかにいる。そして、その多くは、一流の研究室出身だったりする。つまり、大学院生を終える段階でテニュア・トラックの仕事を得るのに十分な数の論文を発表していたものの、独立して仕事をするのに十分な訓練は受けていなかったということだ。また、特殊な施設や装置の利用、関係者集団へのアクセスなどを管理しているためにプロジェクトに関与することができ、原稿に名を連ねてきたような人々もいる。こうした人たちは、膨大な積み残しデータを抱えて、自分以外の誰かが文章にして発表してくれないかと心待ちにしていることが多い。院生をつかまえては論文を書かせることを繰り返しているこうした教員のことを気の毒だと思わないわけでもないが、アカデミック・ライティングの正式な教育を行っている学科がほとんどない状況では、こんなことをしていてもライティングの指導として通ってしまうということなのだろう。

これまで述べてきた厄介な共同研究者3種類のうち、この能力の無さすぎる共同研究者というのが一番始末が悪い。誰かをだますか、威圧するか、甘言(かんげん)で釣って論文を書かせない限り、自分では何も発表できないからだ。追い込まれた人というのは、銀行に押し入って強盗を働いたり、論文を手元に置いてハイジャックして戻さないといった極端な行動に出るものだ。巻き込まれないようにしよう。

3-3 実効性のある方法を選ぶ

誰かが共同プロジェクトを提案したときに「けがらわしい、失せろ」と言うのは、場合によっては十分アリだと思うが、共同研究の惨事を避けるというのは、ダメな共同研究者と一緒に仕事をしなければよいというだけではない。有能で献身的な研究者のチームでも、うまくいかないことも多い。 資料3.1 にまとめたようなルールや戦略を採用することで、共同執筆作業はうまく進められると思う。

資料 3.1 共同執筆に向けてのアドバイス

- 共同プロジェクトというのは、執筆能力がある人の集まりなのであって、逆ではない。一緒に仕事をするのは、自分なりの研究を重ね、自分の仕事を論文にしてきた経歴がある人にすること。
- 理想を言えば、誰か1人が、第一稿全体を書くのがよい。執筆者が2人いても、2人目が担う役割が限定的で1人目が担えない役割であるのなら、それでもかまわない。通常は、この単一の執筆者が筆頭著者になるが、常にそうとは限らない。
- 論文の方向性や議論の内容に意見の食い違いがある場合は、アウト

ラインを回覧して、執筆に取り掛かる前に整理しておくこと。
- ◆回覧するのは、第一稿全体だけにすること。断片、段落、セクション単位でのフィードバックは求めないようにすること。
- ◆文章をメールでやりとりしないこと。ウェブ上の共有スペースやファイル共有プログラムを利用して、チームが同じファイル上で作業できるようにすること。
- ◆共同研究者は、原稿にコメントすべきだが、コメントはすべてオプトイン制[*1]とし、締め切りの期日を設けること。

執筆部分は中央集権化する

共著論文における最大の間違いは、執筆を分担し、並行して書き進めることだろう。この方法は、直感的にはうまくいきそうな気がするものだ。例を挙げてみよう。原稿の各セクションを書き終えるのに2週間かかるとして、4人で分担して同時に書けば4倍早く仕上がる。そう、これこそが執筆を分担するメリットというものだ。チームの仕切り役は言う。「じゃ、1人1箇所ということで、僕は「序論」を書くから、太郎君は「方法」のとこ、花子さんは「結果」ね。でもって、次郎君が「考察」を書いて、みんな書けたら、ぼくがまとめて、文献と表をつけとくから、それで仕上がりっと」。そして全員が、フムフムとうなずくと、今度は、仕切り役がひきとって、「どうだい、いまから2週間ってことで」。なかなかのものではないか。

このおおらかさと、仲間を信頼する気持ちには敬意を表するが、

---

*1 必要に応じて問題を指摘する方式。指摘がなければ同意したものとみなされる(オプトイン制については、82ページに具体的な説明がある)。

第3章　一緒に書く：共著論文執筆のヒント

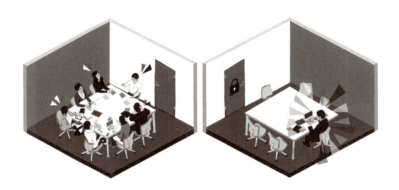

これではノーベル平和賞は受賞できても、論文が発表できるかどうか怪しい。論文の執筆を並行して進めるというこの方法には、欠点というより致命傷が3つある。1つ目。執筆スピードは、人によって違う。さっさと書き終えた人は、必ず他の人が書き終えるのを待つことになる。場合によっては、全員が全員を待つことにもなりかねず、これは、愉快を通り越して爽快だ。どんな鎖にも弱い環はある。書くのが一番遅い人を鎖で脅す前に、どこが弱い環なのかを見つけなければならない。2つ目。同時進行では、誰か1人が論文の執筆・とりまとめ・提出について、責任を負うということがない。論文の執筆というのはユートピアよりは独裁の世界だ——筆頭著者のような誰か1人が、執筆主任をつとめるべきだ。3つ目。論文というのは、後は六角レンチで組み立てればよいというようなサイズの揃った標準仕様のパーティクルボードのキットではない。各セクションは、別のセクションに根を張っている。「序論」でどんな議論を展開したのかがわからずに「結果」を書くのは至難のわざだし、他の部分を読まずに説得力のある「考察」を書くというのも困難きわまりない。

では、どうすればよいのだろう。逆説的ではあるが、共著論文を

書く最良の方法は、共著者をシャットアウトして、1人が書くことなのだと思う。論文には、第一稿全体を書く執筆担当者が必要ということだ。誰が執筆担当者になるべきかは、通常は明らかだ。筆頭著者になる人が執筆担当者になるのが自然なわけだが、場合によっては、それ以外の誰かが第一稿に取り組むこともある。ただ、細かい例外はいくつかあって、執筆担当者が持っていない特別な知識や技術を他の著者が持っていたりすることもある。たとえば、チームの他の誰もわからない素晴らしい統計操作を行った場合、その人が「結果」を書くというのはよくあることだ。同様に、複雑なプロジェクトでは、データ収集を監督した人が、「方法」を書く場合もあるだろう。そういう場合は、執筆担当者が原稿全体を書いて、別の人の部分を空欄にしておけばよい。ただ、理想としては、1人が原稿のほぼ全部を書いて、その人が脱稿までの責任を負うのがよい。

担当できることは担当する

ここまで述べてきたことに納得してもらえているなら、チームには、論文執筆を鋭意担当するメンバー1人と、執筆をその1人に任せている状況を十分認識し、感謝している共著者たち何人かがいるはずだ。こうした場合、共著者の出番はどのあたりなのだろう。まず、論文を書き始める前に、グループは、論文の目的と範囲をきちんと整理して、論文の投稿先となる雑誌何種類かについて考えておく必要がある（1章参照）。場合によっては、アウトラインを回覧してコメントを求めてもよいが、通常はそこまでは不要だろう。論文の目的と範囲について前もって整理しておく必要があるのは、第一稿全体ができあがるまで、原稿が共著者たちの目に触れることがないからだ。何か重大な判断を要する事項があるのなら、執筆担当者が書き始める前に決めておく必要がある。

そして、書きかけの断片について、フィードバックを求めないこと。つまり、原稿を全部書き終えてから、共著者のコメントを求めること。そんなの、あたりまえじゃないかと思われるかもしれない。でも、段落の半分とか、文1個とかを研究チームに送付してフィードバックを求める人々が実際にいることも知っている。文1個というのは極端かもしれないが、原稿の一部ということでは、「結果」でも、話は一緒だと思う。こういうことをしていると粘着質に見えるというのはともかくとして、これでは、チーム全員の時間の無駄だし、そもそも誰か1人が執筆を担当する意味がない。

論文の原案ができたら、共同研究者たちのお昼寝タイムは終わりだ。コメントを書き、訂正を入れ、割り振られた部分の原稿を挿入しよう。この作業は電子メールでは行わないこと。地獄を見るはめになる。仮に執筆担当者が共著者4人に原稿を送ったとすれば、ファイル5つを参照しながら文面を調整していくことになるわけで、これでは時間の無駄だし、どれがどの版だかわからなくなって収拾がつかなくなる。ここは、メールではなく、各著者が同じ1つのファイルにアクセスして、修正を入れることができるウェブ上の共有スペース、クラウドベースのプログラム、ファイル・シェアリング・プログラムなどを使おう。それだけで、異なる変更内容を調整する時間が省けるし、各著者が互いのコメントを見られるようになる。

律速段階をなくす

さて、終わりは見えてきた。チームの1人が第一稿全体を書き上げ、「よろしく」という旨の申し送りとともに共著者に原稿を送るのだが、若干名がその文言を文字のとおり受け取ってしまう。これは共同研究が危機に陥る瞬間だ。そう、一瞬の無防備のせいで、原稿は、枯れ木や古新聞の山のごとく、誰かの書類の山に姿を隠してし

まいかねないのである。「山は越えた、後は楽勝」という気分になって、緊張感が失われた結果、研究プロジェクトが、この時点で雲散霧消してしまうこともある。共著者たちは、すぐ読む旨を誓うわけだが、「ちょっとした簡単な作業」であればこそ日々舞い込む雑事にまぎれ、その結果、論文は煉獄で宙に浮いたまま、最後の審判を待つことになる。

　こうした状況を避けるためにも、コメントは、オプトイン制にしよう。共著者は、論文にコメントすることを求められる。当然のことだ。ただし、大事な条件がある。コメントはオプトインで、締め切りの期日が設定されているということだ。もし、期日までにコメントが戻ってこなければ、論文は次のステップに向けて動き始める。メールの例を挙げよう。「ウェブの共有フォルダーに原稿がアップロードしてあります。10日後には、『難題難問雑誌』に投稿予定ですので、訂正やコメントがあれば、その前にお願いします」。

　もし誰もコメントや訂正を加えなかったとしても、かまわない。機会は保証したのだし、若干名のせいで、研究チームが前に進めないというのは妙な話だ（僕にも、ちょうど子どもが生まれて混乱をきたしていたころのプロジェクトで、そういう経験がある。修正・再投稿の段階で原稿に追いつくので、僕を待たずに投稿してもらいたい旨を執筆担当者に連絡したと記憶している）。共著者たちは、プロジェクトの概念形成・計画・実施のどこかで、それぞれ有意な貢献をしたのだから、コンマをセミコロンに不適切なかたちで訂正する機会を逸したからといって、チームから追放することはない。とはいえ、共著者が、オプトインのコメント期限まで論文を読まないことはまずないはずだ。期限が設定されたことで、コメントという地味な仕事の、競合する他の仕事に対しての相対的順位がぐっと上がったからだ。

第 3 章　一緒に書く：共著論文執筆のヒント

3-4 うまくいかないときにどうするか

　予防が最良の治療法だというのはよい。でも、感染してしまったらどうすればよいのだろう。共同研究が行きづまったときに、窮地から抜け出す方法はいくつかある。最初のステップは、金輪際、厄介な研究者と一緒に共著論文を書いたりしないと誓うことだろう。共同研究が陥る惨状というのは、ペニシリンを注射したり、鎮痛用ローションを塗ったりしたくらいで、さっと治るようなものではない。あの焼け付く感覚は、次のステップへの架け橋だと考えよう。原稿を復活させ、雑誌に載せ、研究生活を前に進めることが大きな目標だ。

　次のステップは、共同研究者が何をまだ済ませていないか、つまり本文を書いていないのか、それともコメントを書いていないのかといった点について特定することだ。原稿の一部を書くのに時間がかかりすぎているようなら、対処にはいくつのステップがある。頭の中で「言わんこっちゃない」と自分に言い聞かせ、次回は執筆者を 1 人に絞ると誓ったら、原稿の完成に向けて粘り強い督促作業を開始しよう。督促の間隔を徐々に短くして追い込むことで目標を達成したという人も多い。メールを今日送り、2 週間後にまた送り、その 1 週間後にまた送り、数日後にまた送り、というのを相手にとって意味のある間隔になるまで繰り返すのである。こうしたメールは、フレンドリーでなくてはならない。指でツンツンつつく感じ。バットでぶん殴るような文面はいただけない。

　督促が案の定うまくいかないようなら、次のステップは、厄介な共著者に降りてもらうよう打診することだ。おそらく、この人は、何かに忙殺されているか、もともと執筆能力に問題があるのか、罪悪感のあまり書けなくなっているかのどれかなのだから、潮時だろ

う。降板を伝える優しいメールを送ろう。間違いなく受け入れてもらえるはずだ。メールでは、時間とタイミングが大事なので、その人の分担分は自分が執筆し、共著者に回覧してコメントと訂正をつのることになる旨を伝えること。

　統計処理や内容が専門的すぎるといった事情でその部分を自分では書けない場合には、ピンチヒッターを頼むことを考えてもよい。共同研究者を新たに加え、その部分の執筆を肩代わりしてもらうことで、瀕死の原稿が息を吹き返すことも少なくない。書くのが遅くてしょうがない共同研究者には、案外、ピンチヒッターを務めてくれるポスドクや大学院生がいたりするものだ。ピンチヒッターがいないようなら、その部分のダメダメ版の原稿を書いて回覧し、コメントと訂正を入れてもらおう。

　もっとも、事態はそう厳しくはないのかもしれない。長い分析や文章でなく、コメントや訂正のみを待っているのなら、締め切りを設定すればよい。そして、全員にメールを送って、最後の1人からコメントが来るのをいま待っているところで、10日後には論文を投稿予定だと伝えること。こうした軽い催促でも大丈夫かもしれないが、もしうまくいかなようなら、オプトインの締め切りを知らせるメールを送付して、雨が降ろうが、雪が降ろうが、槍が降ろうが、締め切りを過ぎたら投稿する旨を伝えよう。そして、もちろん、日限が来たら送付すること。

　共同研究者が抱え込んだままにしている論文を引き上げることは、必ずしも悪いことではない。その厄介な研究者自身、不調なのかもしれない。そもそも、そうした人たちの困った共同研究スタイルは、これまで周囲に受け入れられてきており、実は、今回初めてたしなめてもらっている可能性も高い。ということで、その人はたぶんホッとするか、まったく気にしないかのどちらかだ。厄介な研究者ほど、論文執筆をテキパキと進めるアプローチに感嘆した場合、その後の

共同研究に関心を寄せてくるという話をよく耳にする。少々人聞きが悪いけれども、書けない研究者ほど書ける研究者と一緒に仕事をしたがるわけで、あなたは気概のあるところを見せてしまったわけだ。関わり合いになったままでいないこと。損害を被りそうな部分はカットして、論文の採用が決まり次第、次に向けて動き出そう。

3-5 誰が著者かを決める

　論文に誰の名前が載り、どういう順番になるのか——きちんとしたチームの場合、この問題が表面化することはまずない。固く結ばれたチームというのは、ベーグルを食べながら科学について語り合った歴史を通じて信頼と敬意が培われていて、誰が著者になるか（オーサーシップ）もおのずと決まってくるものだ。めずらしく議論になることがあったとしても、論文は続々と出るので、長期的には雲散霧消してしまう。しかし、オーサーシップ問題というのは、人生のたいていの出来事同様、問題が表面化するまでは問題だと認識されることすらないのに、いざ表面化したとたん、お決まりの非難の応酬が始まるような問題なのである。

　オーサーシップをめぐる争いは、不幸せな共著者たちがチームにもたらすもう1つの贈り物だ。自分の執筆をこなすにも、コメントを返すにも悠久の時間を要する人たちというのは、著者の順番をめぐって死闘を繰り広げる人たちでもある。それとは対照的に、たくさんの論文を発表する人たちは、因果論的なアプローチをとることが多い。研究者の評判というのは、その人の仕事全体によって決まるのであって（10章参照）、論文どれか1本で筆頭著者だったか2番目だったかによって決まるわけではないし、オーサーシップをめぐってのあれこれはさほど重要ではないからだ。実際問題として、

研究者でよく見られるのは、評判が上がるにつれて筆頭著者となる回数が減ってくるという経緯だろう。科学という暗闇の技芸にあって、大学生や若手研究者を指導することが多くなるからだ。

オーサーシップの決め方に関しては、もちろんガイドラインがいくつもあって、こうしたガイドラインは全員が読んでおくべきだ。『*Publication Manual of the American Psychological Association*（APA論文作成マニュアル）』(APA, 2010, 18 ページ）には、執筆者が論文に対して「実質的貢献」をしている必要がある旨が書かれている。では、「実質的貢献」とは何なのだろう。

> 著者には、実際に執筆した者だけでなく研究に実質的な専門的貢献をした者も含まれる。実質的な専門的貢献には問題点や仮説を定式化したり、実験計画を組み立てたり、統計解析を整理・実施したり、結果を解釈したり、あるいは論文の主要部分を執筆したりすることが含まれる。

こうした作業は、データの入力、方法論や統計上の問題についての助言、人材の斡旋といった「軽微な貢献」(18 ページ）とは対照的だろう。もっとも、『*Publication Manual of the American Psychological Association*（APA論文作成マニュアル）』(APA, 2010) には、軽微な貢献が組み合わさることで、オーサーシップの要件を満たす場合もある旨が書かれている。また、Fine & Kurdek (1993) では、教員が学生と共同研究を行った場合に生じるオーサーシップの問題が検討されている。Fine & Kurdek がすすめるのは、学生の能力やキャリアの段階からしてどの程度貢献しえるかと比較して、実際に彼らがどの程度貢献したかを考えるというもので、これは、パーソナリティの科学で「内的判断」として知られるタイプの判定方法だ (Lamiell, 1981, 1987)。McCarthy (2012) には、学部学生と一緒に研究を行っ

第 3 章　一緒に書く：共著論文執筆のヒント

たような場合に特化した有用なアドバイスが載っている。

　とはいえ、オーサーシップでもめるような人は、ガイドラインに何が書いてあったとしても、どのみちトラブルを起こすというのが僕の経験だし、自分が筆頭著者でないような荒涼(こうりょう)とした寂しい世界は想像もつかない人たちもいるということだ。そうかと思えば、一見もう少し穏やかな人、つまり 7 人中の 2 番目か 3 番目になるまでブツブツ文句を言い続ける人もいる。こうした文句屋は、共同研究者として長くつきあうには不向きだと思う。論文が仕上がり次第、距離を置くようにしよう。

　著者の順番は、その分野の文化や慣習、つまりそのカルチャーなりの社会的な規範のようなものによって決まる。数学のように、著者をアルファベット順にすることの多い分野がある一方、科学の多くの分野では、その論文に関しての責任を負う筆頭著者（ファーストオーサー）と、研究全体を監督したシニアオーサーを区別して、シニアオーサーは一番後ろに示す。心理学では、いくつかの分野はこの方法（つまり、最初の著者と最後の著者が貢献度が高い）を採用しているが、大半の分野は貢献度順、つまり、貢献度の高い方から低い方に並べる方法を採用している。よい方法なのに十分に活用されていないのが、著者に関する注に著者関係の情報を書いておく方法だろう。たとえば、注に、著者順をアルファベット順にした旨、最初の 2 人の著者は等しく貢献した旨、等しく貢献した最後の著者 4 人についてはアルファベット順にしてある旨、あるいは、ある論文に記載されているように、「本論文での著者の順番は、William B. Swann, Jr. が小細工はしていないと主張したコインを投げて決定した」(Swann, Hixon, Stein-Seroussi, & Gilbert, 1990, 17 ページ）旨を書いておいてもよい。

　著者の数ともなれば、分野による違いはもっと大きくなる。一方で、歴史や文学研究のように、本も論文も著者が 1 人しかいないこ

との方が普通であるような分野があるかと思えば、物理学系のように大規模プロジェクトが林立している分野もあって、こうした分野では著者が数十人というのもごく普通のことだ。心理学も、分野によって事情はまちまちで、これは研究範囲の違いによるところもあるものの、どのくらい貢献すれば著者になるかについての慣習や規範の違いによるところも大きい。

ここ何十年かの著者数の増加については、眉をひそめる人の多い分野もある。その昔、論文といえば著者1人か2人のものが多く、その全員が教員というのもよくあることだった。今日では、大学院生や、場合によっては学部学生まで著者として加わった大チームを見かけることも多い。その一因が、範囲の広い複雑な研究が増えたことにあるのは間違いない。その一方で、かつては、著者として名前が載ってしかるべき人たちの名前が載らなかったという事情もあったのだろう。もっとも単純に、当時の教員というのは手を動かすのが大好きで何でも自分でやる正真正銘のDIY派で、嬉々として輪転機で質問票を印刷し、メインフレーム用のパンチカードも自分で用意していたというだけのことかもしれない。

どのような理由であっても、著者数が少ないことそれ自体に価値を見い出すような議論には、僕は賛成できない。論文に著者が3、4人以上いるのは（どうやら美的理由で）納得できないという人なら大勢知っているのだが、こうした人たちは、オーサーシップの問題を、「著者が増えると自分の取り分が減る」ようなニュアンスで話す傾向があるように思う。もしオーサーシップが、全体の大きさの決まったパイだと考えたり、著者を増やすと他の著者のオーサーシップが薄まってしまうと考えたりしているなら、暗黙のうちにこうしたモデルで考えているということだ。パイについてのこうした考え方は、生産的とは言えないし、人の努力や貢献を認める方向に舵を切り直した方がよい――パイをガツガツ食べるのはやめよう。共同研究者

3-6 よい共同研究者になる

　厄介な共同研究者について延々と述べてきたので、読者の皆さんは、執筆に関して医学生症候群（授業で新しい病気について習うたびに、自分もその病気なのではないかと心配になる状態）になっているかもしれない。でも、自分も厄介な共同研究者で、まわりからフタユビナマケモノがミユビ用キーボードで入力するようなスピードで執筆していると思われていないかと心配しているなら、たぶん、その心配は不要だ。ただ、なるべく上手に共同執筆を行う能力は身につけておきたい。どんな仕事でも、クリエイティブなかたちで仕事をするには、指導者や共同研究者や学生に好感を持たれることが必須だし、想像力についての諸理論が示すのは、他の人と一緒によい仕事を進めることができる能力こそ、創造力をめぐるスキルの中核だということだ（Sawyer, 2011）。

　人生の他の場面同様、ここは聖書にのっとって黄金律の出番だろう。人と一緒に執筆するときには、「自分も、自分が人にしてもらいたいよう行動する」、それだけだ。要約すれば、次の3点になる。1つ目。やると言ったことは、迅速かつ確実にやる。担当部分をサッサと書き、コメントをサッサと送り、よくない査読結果も、まずはサッサとののしる。2つ目。他の博士号をとりたての面々とは異なる、何かプラスになるスキル——図抜けた統計学のスキルでも、普通とは異なる研究法でも、助成金を獲得するスキルでも、しっかりした文法知識でもよい——を身につける。そして3つ目。必要なら「ノー」と言う。きちんとした研究者なら、「いまは仕事を抱えすぎ

ていて、いまここでお誘いをお受けしても、皆さんをお待たせするだけになりそうです」と返答する同業者を尊重してくれるはずだ。文章を書くのが仕事である以上、共同研究のチャンスがあったときにどうすれば「ノー」と言えるかを身につけておく必要がある。「共同研究者」を名乗る書けないピューマが次々と飛びかかってくるのだから。

【 .... **まとめ** .... 】

　地獄とは他者のことかもしれない。でも、他者というのは、論文を査読する人たちのことであって、執筆を助けてくれる人たちではないはずだ。本章では、共同研究プロジェクトがなるべくうまくいくような方法について、いくつか考えてきた。ダメな人たちやダメなプロセスについて本章で議論してくるなかではっきりしてきたのは、共同執筆は、メンバーが互いの助けを必要とせず、誰か1人が執筆作業を担当するときに一番うまくいくというパラドックスだろう。つまり、誰かと一緒によい文章を書くというのは、1人で書くのと同じようなものだということだ。でも、何もかも1人で書いたとすれば、いったい誰と一緒に短縮形やセミコロンについて議論すればよいのだろう？

第 II 部

論文を書く

第4章 「序論」を書く

「千里の道も一歩から」というのと同じで、6,500ワードの道も、1ワード目から始まる。そう、文章というのは、たいていは呪詛の言葉、あるいはクジラの声を思わせる長いうめき声から始まるものだ。論文のなかでも「序論」というのは、特段に書きにくい部分だと言える。控えめに言っても、モース硬度[*1]でいえば燐灰石か正長石くらいには書きにくい。どうすれば、膨大な文献をほんの2、3ページにまとめられるのか。どうすれば、概念を意味の通るように整理しつつ、読み手の心をわしづかみにできるのか。どうすれば、「近年、〇〇には関心が集まっている」といった退屈な書き出しに頼らずに書き始められるのか。

本章では、説得力のある洗練された「序論」の書き方について学ぶ。最初に、シンプルなテンプレート（表現の雛形）について考える。取り上げるテンプレートは、普段読んでいる論文でごく普通に見かける表現ばかりだと思うが、よくできたクッキーの抜き型と一緒で、こうしたテンプレートを使うと、論文の「生地」が、思わず手が伸びるようなサクっとしたクッキーに焼き上がる。次に、「序論」の1行目という悩ましい問題を取り上げようと思う。書き始めの1行というのは、ひょっとすると論文全体を通じて一番難儀な部

[*1] モース硬度：鉱物の硬さの尺度。柔らかい方から、滑石（硬度1）、石膏、方解石、ホタル石、燐灰石、正長石、石英、トパーズ、コランダム、ダイヤモンド（硬度10）。

第4章 「序論」を書く

分なのではなかろうか。ここでは、「序論」を書き始めるにあたって具合のよい方法をいくつかと、やめておいた方がよい手垢のついた方法について取り上げる。こうしたテンプレートを使ったところで、「序論」が一番書きにくい箇所であることに変わりはないだろう。でも、モース硬度でいえば、コランダムでなく、方解石くらいにはなるかもしれない。

4-1 論文の目的や論理構成を把握する：「序論」展開用テンプレート

「いまあなたが書いているのは、何についての論文ですか？」——最近、この質問がしにくい。尋ねても、余計なことばかり説明されるか、肝心のことが何もわからないそっけない答えしか戻ってこないかのどちらかにしかならないからだ。でも、「いま書いているのは何についての論文なのか」と問われて、論文で伝えたい基本的な内容を、文1つか2つにまとめられないようでは困る。それこそ、僕の分野の例を挙げるなら「我々の関心は、鷹匠になりたいか、都市林業家になりたいかといったRIASEC職業適性モデル的な興味関心の違いを性格によって説明できるかどうかというところにある」でも、「我々の実験では、一連のアイテムをブロック間でスクランブルをかけて配置した場合と間隔を置いて配置した場合に、それらの位置が遅延想起に及ぼす作用をめぐる3つの説明について調べ、認知心理学最後の大いなる謎を解決した」でもかまわない。

そのうえで、さて、いまあなたが書いている論文は、実際のところ何をめぐっての論文なのだろう？　抽象的に見た場合、つまり論文から具体的な部分を剥ぎ取ってみた場合に、どんなタイプの議論をしているのだろう？　文章としての論理展開はどうなっているのだろう？　自分の論文の抽象的目的を見い出す作業は、文学作品を

分析するのと似ているかもしれない。細部を除外してみると、テーマ、プロット、対立構造、特徴などの組み合わせが残る。トビアス（Tobias, 2012）によると、フィクションの場合にはコアとなるプロットはせいぜい 20 くらいしかないそうだが、研究論文の場合、コアとなるプロットが 10 以上ということは少ないはずだ。

　以下では、文章の論理展開として一般的なものをいくつか挙げてみる。むろん、これら以外のものが使用されることもあるし、複雑な論文の場合には複数の展開パターンが使用されることもあるだろう。でも、社会科学の研究論文の大半はこれらでカバーできる。これらの論理展開には、それぞれテンプレートが対応しているので、テンプレートを「序論」の概念軸として利用すればよい。つまり、自分の論文の論理展開パターンを決めてテンプレートを選択すれば、そのテンプレートがもともと持っている論理展開にしたがって、「序論」の構成がおのずと決まってくるということだ。

「どちらが正しいのか」テンプレート

　論文の抽象的な意味での目標が、2 つの事柄を競わせて、どちらが正しいのかを見届けることにある場合もあるだろう。この場合、まず思い浮かぶのは、2 つの説を大々的に衝突させて、片方のみを残すというケースかもしれない。でも、これは、このテンプレートの一例にすぎない。状況が異なればどちらの説もそれなりに正しいと論じてもよいし、どちらの説も正しいとは言えず、もっとよい説を編み出す必要があると論じてもよい。また、このテンプレートを使用するために、勝者の説の側に立つ必要もない。たとえば、探索的研究では、片方の説の方がもう片方の説よりうまく機能するだろうけれども、これはどちらの説が勝つかについて予測を行っているわけではない。さらに付け加えると、このテンプレートは、複数の

説やモデルが衝突する場合だけでなく、どのメディエーター、モデレーター、機序、解釈が正しいのかといった議論にも使える。こうした場合も議論のロジックは同じだろう。

この「どちらが正しいのか」テンプレートは、対立構造を内包しているので、読者の興味をひきやすい（Berlyne, 1960; Silvia, 2006）。科学がテレビのワイドショーに似てしまう理由は、この辺にもあるのかもしれない。読者というのは、どんなバカバカしいゲームでも、どちらが勝つかを知りたいものなのだ。その意味で、このテンプレートは、科学の議論の原型なのかもしれない。とはいえ、このテンプレートの使用頻度は案外少ない。僕らの研究は、新たな効果を打ち立てたり、既存の知見を拡張したりする研究が大半で、発想や概念を競わせるものは少ないからだ。論文によく見られる間違いは、藁人形をこしらえて対立構造をあおることで読者の興味を引こうとするものだ。

論文という性質上、序論用テンプレートには、論文で取り上げることになる材料と、取り上げる順序という2つの事柄が含まれていてしかるべきだろう。つまり、こうしたテンプレートを使用すると、序論に関しての最大の悩み2つ——「何を書いておけばよいのかわからない」という悩みと、「どういう構成にすればよいのかわからない」という悩みの2つ——が解決される。たとえば、いま論文で「どちらが正しいのか」テンプレートを利用するとして、どの材料は取り上げ、どの材料は省けるのだろう。落ち着いて考えてみよう。ここは、長年文章を読んできた過程（大学の授業では手痛い目にもあってきたはずだ）で培った文章展開をめぐる暗黙知をフルに動員すべきだ。まず、外せないのは、論文で取り上げる説を最初に提起した論文と、その説の有効性を立証した論文だろう。そして、言及する論文の範囲は、論文を批判的に読むであろう人々にとってもフェアに感じられ、説得力がある範囲にする必要がある。つまり、関連

性の薄い雑誌に載った副次的な知見ではなく、その理論を支持する最良のエビデンスを引用したうえで、そのエビデンスについて論じておく必要がある。もう一方の側の説についても同様で、その説が説得力ある対案であることを示すような論文に言及しておく必要がある。

このテンプレートについて言えば、これまで公表されている論文の大半は、まず省いてしまってよい。2つの発想の相対的な妥当性というところに焦点がある以上、各発想の微調整、拡張、応用、一般化といった論文は、議論のポイントにとっては、副次的なものにすぎないことが多いはずだ。論文には、新たな説を打ち立てたり、これまでの説を打破したりするものもあるわけで、単純に言えば、そうした論文は採用し、場合によってはさらに展開すればよい。それ以外の論文の大半は省いてしまおう。同様に、弱い論文、つまり半端な雑誌に発表された質の低い論文についても、これらに言及することで信用性が上がるということはないので、省いてしまってよい。

構造についてはどうだろう。このテンプレートでは、何をどんな順序で述べることになるのだろう。

> **テンプレート**
> - 序論冒頭部分（4.2節「構成用テンプレート」参照）の後、まず、なぜ、当該分野の聡明で合理的な研究者が1つ目のアプローチが正しいと信じているのかについて説明する。ただし、ダラダラと些事にこだわるのではなく、ポジティブで寛大に。
> - もし、1つ目のアプローチが間違っていると論じるつもりなら、序論冒頭部分の後で、このアプローチが延命できなくなるような論文、アイデア、議論などについて論じる。
> - 次に、バリエーションとして2つ目の立場について展開する。関連する議論や研究を総動員して、この立場の妥当性に賛同す

第4章 「序論」を書く

る議論を展開する。
- 最後に、「どちらが正しいのか」について自分がどのように実証的に評価するのかを説明する。

次に、バリエーションとして、片方の理論に無前提的に肩入れしているわけではないケースのテンプレートを示す。

[テンプレート]
- 序論冒頭部分の後、1つ目のアプローチに期待することがなぜ合理的なのかについて理由を説明する。期待できない理由があって、その理由が大事な場合は、その理由についてもきちんと論じておく。
- 2つ目のアプローチについても、同様の説明を繰り返す。最大限賛同しつつ、必要に応じて批判も行う。ただし、両方の側について、同じ建設的でポジティブなトーンで扱うこと。
- 最後に、当該研究が、どのようにして「どちらが正しいのか」という問題を実証的に落ち着かせることになるかについて説明する。

「作用機序はこうだ」テンプレート

論文の抽象的な意味での目標が、「作用機序はこうだ」ということを何かについて明らかにすることにある場合もあるだろう。「作用機序はこうだ」テンプレートは、すでに確立された知見の内的な作用機序に光を当てるためのものだ。そうした論文の場合、その分野の研究者ならまずは存在を認めるような作用効果——その存在はきちんと立証されていて、その効果全体については特に議論が分かれているわけではないような作用効果——が扱われているわけだが、な

ぜその効果や作用が生じるのかについては、何が媒介しているのかについても、作用機序についても、具体的な経路や過程についても、議論が分かれていたり、単純にわかっていなかったりする。こうした論理展開は、心理学分野では始終使われており、それこそ論文を読むたびに、この「作用機序はこうだ」テンプレートを見かけるはずだ。このテンプレートは、「未解明」の事柄を取り上げているからこそ読者の興味をひく（Berlyne, 1960; Silvia, 2006）。読者は、何かが起こることはわかっているが、なぜ起こるかがわかっていない。執筆者はミステリーを提示して解決する過程を通じて、この「未解明」部分をコントロールしているわけだ。

「作用機序はこうだ」テンプレートの場合、どの論文に言及すればよいのだろう。説得力のある論文を書くうえでは、論文では、問題の作用効果が実際に生じることをきっちり確認しておく必要がある。したがって、最初にその作用効果を示した基本的な研究と、その研究以外でよく知られた研究があれば、それらをカバーしておこう。きちんとしたかたちで文献に言及することで、論文で取り上げる作用効果がその分野にとって重要な関心事であることが読者に伝わるし、その意味で、もし最近の論文や印刷中の論文があるなら、それらも引用しておくべきだろう。そして、上述の「どちらが正しいのか」テンプレートの場合とは異なり、当該作用効果を再現、拡張、応用、一般化するようなタイプの論文についても触れておくべきだ。目標は、効果がリアルで、強固で、関連性が高いことを示すことにある。作用効果を立証する論文以外にも、関与するメディエーターや機序に関連した論文があれば、それらもカバーしておくこと。

「作用機序はこうだ」テンプレートは、どんな構造になるのだろう。すでに確立された作用効果をめぐって、メディエーターとなりうる候補3種について評価する場合を考えてみよう。「序論」は、以下のような具合になるだろう。

第4章 「序論」を書く

> **テンプレート**
> - 序論冒頭部分の後、最初のセクションでは、問題の作用効果を確実に裏付けるエビデンスについて、なるべく説得力のあるかたちでレビューする。可能なら、重要度が高く、読者が気にしている事柄に影響を及ぼすようなエビデンスについてレビューしよう。説得力のある論文を書くうえでは、その作用効果がリアルで重要なことを読者に納得してもらわなければならない。そのためにも、このセクションの内容については、きちんと咀嚼し、自分のものとしておくこと。
> - 2つ目のセクションでは、メディエーターとなりうる候補について提案する。それぞれについて簡単に概観し、なぜそれらがメディエーター候補として妥当なのか(あるいは、自分の議論にもとづいてそうではないのか)についても強調する。
> - 最後のセクションでは、問題の作用効果が生じる理由がこの3つのメディエーターによって説明されるか否かについて、いかに実証的に評価するのかについて説明する。

「作用機序はこうだ」テンプレートは、「どちらが正しいのか」テンプレートほど好戦的ではない。既知の事柄を拡張し、科学の確定部分をベースとして構築作業を行うのがこのテンプレートの役割だ。「どちらが正しいのか」を取り上げる論文とは異なり、このテンプレートでは、何かを引きずりおろしたり、問題に関して新たな方向付けを提起したりすることはまずない。

「似てなんか(違ってなんか)いない」テンプレート

論文の抽象的な意味での目標が、「研究者の大半が似ていると見なしている2つの概念またはプロセスには、実は重要な違いがあるの

だ」と論じること、あるいは逆に、「研究者の大半が違うと見なしている2つの概念またはプロセスには、実は重要な類似性があるのだ」と論じることにある場合もあるだろう。つまり、違うとされているものを一緒だとしても、一緒だとされているものを違うとしてもよいということだ。この議論は、葛藤や驚きの要素が含まれるのでおもしろい議論になる（Berlyne, 1960）。予想外の類似性や違いが明らかにされ、筋立てをめぐって火花が飛び散り、読者のものの感じ方が変化する。

では、どういった論文について検討すればよいのだろう。検討するのは、大抵の場合、身近な問題の本質に言及しているような古典的論文や最近の論文について議論することになるだろう。でも、もっと応用的な論文、拡張的な論文、一般化を行う論文なども、その特定の事柄がその分野では「似ている・違っている」と見なされていることを具体的に示していたり、そうした事柄が実際には「違う・似ている」のだという理由を示していたりするのであれば取り上げてよい。

テンプレートはどれもそうだが、このテンプレートも、論理展開に沿った順序で書く。

> テンプレート

- 序論冒頭部分の後、最初のセクションでは、関連論文の現状について説明する。なぜ、分別のある研究者たちが、これらの概念を「似ている・違う」と信じているのかについて、バランスのとれた建設的な議論を展開しよう。議論を展開するうえでは、支配的な見解を最初に提唱した古典的論文と、現時点での見解が具体的に例示された最近の論文が必須だ。
- 2つ目のセクションでは、なぜ（当該分野で通常言われているのとは異なり）、自分がそれらを「違う・似ている」と考えるのか

について説明する。このセクションでは、自分が正当である可能性を示唆したり実証したりする理論や研究について述べる。
- 3つ目のセクションでは、自分の主張を実証的に評価する方法、つまり、実際には問題の事象が人々の考えとは異なり「似ている・違う」ということを、どうすれば具体的に示せるかについて説明する。

「新知見です」テンプレート

最後になるが、論文の抽象的な意味での目標が、何か新しいことを示す、つまり、何か興味をひいたり、楽しかったり、びっくりしたり、有用だったりするような新しい作用効果を示すことにある場合もあるだろう。その新しい作用効果が、なぜ各種理論が機能するのかを理解したり、どの理論が正しいかを判断したりするうえで意味を持つということもきっとあるのだと思う。でも、目標は、あくまでも、研究者仲間から注目されてしかるべき「何か新しいこと」を語ることにある。

私見だが、この「新知見です」テンプレートは、上手に書くのが一番難しい。他のテンプレートは、もともと読者の関心をひきやすい。人は、衝突、競合、意外性、不確かさといったことには興味を示すからだ（Silvia, 2006）。でもこのテンプレートの場合、人をひきつけようと思ったら、アイデアそのもので勝負するしかない。しかし、新しいアイデアというのは、往々にして退屈きわまりなかったりする。もともと気にかけている複数の事柄を結びつけるようなアイデアでもない限り、新しいアイデアというのは、いずことも知れぬ天空の霧の中を漂う仮説のように受け取られてしまう。論文の主目的が、欠損部分を埋めることにある場合、せっかく新しい知見を示しても、重要事項だとはまず受け取ってもらえない。しかし、

心理学分野の最近の有力論文でも、このテンプレートはよく使われている。新たな知見には、それ自体ほれぼれするような知見や、理論や実践上の諸問題に対して大きな意味を持つ知見もあるということだ。

このテンプレートは、4つのうちで一番散漫になりやすく、テンプレートどおりに書いても、内容や構造が自然に決まるわけではない。内容については、その新アイデアの妥当性と重要性を裏付ける材料について説明するのが目標になる。妥当なアイデアというのは、うまく展開できそうに思えるものだが、その新たな提案を行うことの妥当性を示すような関連分野の論文、応用や政策場面でのエビデンス、日常生活での観察結果などはあるだろうか。重要なアイデアというのは、その分野の各種理論やテーマに関わっているものだが、その新アイデアと、その分野が以前から抱えている懸案事項との連続性を示せるだろうか。仮に当該論文が新たな作用効果——新しいモデレーター、現象、構成など——について語るだけだったとしても、その作用効果には、分野全体にとっての意義が何かあるはずだ（行き詰まったら7章を参照。意義の分類の説明がある）。

構造については、このテンプレートによって決まる単一のフォーマットというものはなく、フォーマットは、何を取り上げるかによって決まる。とはいえ、以下のテンプレートは、しっかりしたテンプレートとして、多くの論文に使えるはずだ。

テンプレート

- 序論冒頭部分の後、新アイデアの舞台を用意する。当該分野では、現時点で何がわかっていて、何が懸案事項なのか？ 何をもってすれば、その新アイデアは有用で興味深い存在になるのか？ このセクションが、新しいアイデアを発表する背景となる。

第4章 「序論」を書く

- 次に、自分のアイデアの妥当性を説明し、確固たるものとしよう。どんなエビデンスにもとづいて、そのアイデアが自分が考えるようなアイデアだといえるのか？ なぜ、そのアイデアがうまくいくと考えるのか？
- 最後に、その新規事項をどのように実証的に示すつもりなのかについて説明する。

この「新知見です」テンプレートに対しては、「ふ〜ん」というようなことしか感じないかもしれない。たしかに、このテンプレートには、他のテンプレートにある煌めきや刺激が欠けている。内容や構造との対応性も、どちらかといえば不明瞭だし、読者が暗に予測する展開モデルに合致するかどうかもはっきりしない。新しいアイデアを語ることにも、新たな効果を明らかにすることにも何ら問題はない。だが、論文は、できれば別のテンプレートで展開した方がよいだろう。他のテンプレートなら、読者の興味を喚起するのも、理解を促すのももっと簡単だ。

これも、研究開始前にきちんと時間をとって、計画に時間をかけることが、論文のインパクトというかたちで元がとれることを示す例だろう。「新知見です」論文でインパクトが低いものは、共同研究者の面々がコーヒーを飲みながらあれこれアイデアを出し合っているうちに、誰かが「それ、論文にできるじゃん」と言い出したのが発端だったりしそうな感じがする。最初の段階で、自分たちが何を論じたいのか、自分たちのアイデアが分野全体にとってどんな意味があるのかといったことを検討できれば、読者が退屈することなく目を輝かせ、そっぽを向くことなく思わず引き込まれるようなかたちでアイデアを構成し、研究を設計することができる。少し余分に考えたり読んだりする作業を行うことで、単に、新知見を示すのではなく、「作用機序はこうだ」という部分に焦点を当てたり、一見似

ている事柄が実は似ていないことを明らかにしたり、対抗するアイデアの妥当性について疑問を投げかけたりするような展開も可能になるはずだ。

「文献のレビュー」を行うなかれ

専門知識というのはごまかしがきかない。僕らは、すべてを読んで、すべてを知っていなければならないが、読んだり知ったりしたことのすべてを書いてはならない。学部レベルの授業では、「文献のレビューを行う」ような精神で、従来の研究を義務的かつ機械的に要約する習慣を教え込まれることも多い。一般的な課題の例としては、重要な関連論文をいくつか見つけて、各論文を通常は時系列に1段落ずつ記載していって、その後で自分のアイデアを展開するというものがある。こうした課題は、訓練目的、たとえば、アカデミズム版の音階練習には有用だろうが、論文ではこうした輪読会のようなメンタリティーは避けたい。文献の網羅的なレビューが価値を持つ場というのはもっと他にあって、レビュー論文、学位論文、書籍、教科書、教育資料などはそうだろう。でも、論文での目標は、まずは主張の正当性を立証し、自分のアイデアを発表済みの論文群の中に位置づけることであって、これまでの経緯自体を要約することではない。

論文を書くときに、発表済みの知見を軽んじてはならないのはもちろんだ。それどころか、僕らの信用は、発表済みの研究、特に自分が批判しようとする相手の研究をどこまできちんと扱えるかにかかっている。どのテンプレートでも、「序論」は、他の研究者の論文を土台として書く。でも、そうするのは、僕らの発想の動機を明らかにし、信頼を獲得し、先行研究の想像力や優先性に敬意を表し、自分の主張の妥当性を確保し、矛盾する見解とフェアに関わるためだ。

第 4 章 「序論」を書く

4-2 構成用テンプレート：「ブックエンド / 本 / ブックエンド」

さて、何のために論文を書いているのかがはっきりしたとして——つまり、自分の論文で実際に論じているのが何なのかを把握できたとして、——どうやって、「序論」を組み上げればよいのだろう。テンプレートを利用して文章を構成するのも、アイデアを整理する一助になる。説得力のある論文で一番よく利用されるのは、僕が「ブックエンド / 本 / ブックエンド」と呼んでいるテンプレートだ。このテンプレートは、1つ目の「ブックエンド」（序論冒頭の短いセクション）と、2つ目の「ブックエンド」（序論末尾の短いセクション）と、その間に挟まれた「本」何冊か（序論の主要部分）から構成されている。以下でも説明するが、「序論」の主要部分には、見出し2つから5つくらいをつける。

ブックエンドその1：序論冒頭部分（Pre-Intro Bookend）

いきなり、主要部分に突っ込んでいくのはやめにして、まずは一歩退いて、研究を文脈に位置づけよう。つまり、「序論」それ自体にも序論が必要なわけだ。僕は、この部分のことを、序論冒頭部分や「序論」の序論と呼んでいる。この短いセクションは、通常1段落か2段落で、3段落以上ということはめったになく、ここで、論文の主旨をあらかじめ示しておく。議論の筋道があらかじめわかっていれば、読者は、執筆者が何を言おうとしているのかがわかる。流れがわかっていれば、物事はずっと理解しやすくなるものだ。

序論冒頭部分にどんな意味があるかを理解したければ、最近読んだ論文を思い出してみよう。説得力に欠ける論文というのは、特定の理論や関連した研究についてレビューするところから始まってい

たりする。2、3ページも読むと、論文の筋を追えなくなり、なぜ執筆者がその理論について論じているのかもわからなくなってくる。その理論を批判しているのか、防御しているのか、拡張しようとしているのか、応用しようとしているのか——そうしたことが不明瞭になってくるわけだ。グジャグジャでちっとも要領を得ない論文のように感じられ、それでもなんとか我慢して読み進めると、ようやく、執筆者がその理論のいくつかの側面については批判しつつも改善したいと考えているらしいことがわかってくる。でも、その時点で、前に戻って読み直さなければならなくなる。「この理論には何か問題があるらしい」レンズを通して読み進めてこなかったからだ。読み始めてすぐの段階で枠組みが提示されていない限り、書かれた研究内容を理解しながら読み進めるのは無理だと思う。

よい序論冒頭部分というのは、逆三角形のように、概論から始まって研究の詳細へとフォーカスしていくものだ。序論冒頭部分は、研究を行う契機となった問題、論争、アイデアの所在を指摘する一般論から始めるべきだろう。論文のメインとなるアイデアについて手短に説明した後、その研究で何を行い、その研究が何にどう貢献するのかを述べて終えるということだ。研究について説明した部分、つまり仮説、知見、目標などについて具体的に述べる部分で終えることによって、読者は、何を予期しつつ読めばよいのかが理解でき、序論の舞台ができる。

「本」の部分

序論冒頭部分の後に、序論の中核部分がくる。この中核部分は、メインとなるセクション2〜5つくらいの構成として、この部分で自分の議論を開示し、関連性の高い先行研究について論じる。これらのセクションには、それぞれ見出しをつける。序論冒頭部分の後

にくる見出しは特に重要だろう。見出しは、方向転換の合図でもあるわけで、読者が論文を読み進める際の道標となる。

各主要セクション、つまり、2～5冊くらいの「本」は、文章展開用テンプレートに沿って書く。これらのセクションのどれも、「文献レビュー」そのものではないが、どのセクションも、これまでの研究とつながりを持つように書く。各テンプレートに沿って、順序よく書いていく方法については、前節ですでに触れたとおりだ。たとえば、「どちらが正しいのか」テンプレートなら、片方の説の議論やエビデンスについて論じ、もう片方の説についても論じ、それから自分なりの新見解について述べることになる。そのそれぞれが「本」であり、見出し相当ということになる。ひたすら文章展開用テンプレートに沿ってトピックを並べ、それぞれに見出しをつけていくこと。そうすれば、「序論」が書き上がる。

ブックエンドその2：序論の末尾（Present-Research Bookend）

「本」何冊かの後に、後側の「ブックエンド」が来る。この「ブックエンド」には、「本研究（The Present Research）」や「本実験（The Present Experiments）」といった見出しがついていることが多い。通常は1～4段落のこの部分で、すべての事柄に決着がつくことになる。序論冒頭部分では、契機となった問題にも目配りしながら研究の舞台を設定したわけだし、「本」の部分では、研究を行うことを正当化したり、契機づけたりするうえで必要であった理論や研究について記載してきたわけで、次に必要なのは、研究がいかにしてその目標をなしとげるか——つまり、研究において、「どちらが正しいのか」、「作用機序はこうなっている」、「似ている・似てなんかいない」、「何か新しいことが本当に起こったのか」などがいかにして示されることになるのか——について説明する作業である。この

結論部分では、研究について展望し、つまり、研究について触れつつ、研究の契機となった重要な問題と研究がいかに取り組みうるのかについて説明する。あらゆる終わりは始めでもあるという原則にのっとって、このセクションは、「序論」について解決すると同時に、「方法」を予感させるものとなるはずだ。

このセクションの失敗として一番多いのは、長すぎるというものだろう。異様に多くの実験を行ったということでもない限り、このセクションは、歌のコーダや、戯曲の大詰め同様、簡潔なものとなるはずだ。執筆者は、このセクションに、研究で特定の方法を採用したことの長々とした言い訳や、理論上の対立に関連する過去の研究など、「本」の部分に属する材料を詰め込みがちだ。もしこのセクションが4段落を超えるようなら、「序論」のメイン（「本」）として提示すべきアイデアが紛れ込んでいる可能性がある。

構成用テンプレートを使うとうまくいく理由

上述の構成用テンプレートは、人類が聴き手や読み手のことを気にし始めて以来、口承文学、音楽、文学などで用いられてきた古典的叙述形式にのっとったものだ。物語を語るうえでは、「はじめに / 中盤部分 / まとめ」の三部構成以上の先祖返りもないだろう。読者もエディターも査読者も、何も言わなくても納得してくれるし、アイデアをこのかたちで展開すれば、どんな複雑なアイデアでも理解しやすくなる。まず「はじめに」の部分、つまり序論冒頭部分で、研究を現状の中に位置づける。この序論冒頭部分は、ギリシャ古典劇のプロローグのようなもので、ギリシャ古典劇の場合、聴衆に向かって歴史、神話、プロットの詳細が語られる。その結果、聴衆は、その後展開される劇の内容が楽に理解できるわけだ。中盤部分ではアイデアが展開され、その後まとめの部分、つまり「本研究」のセ

第 4 章 「序論」を書く

クションで主要なテーマについての結論が述べられる。この部分は、その前で述べたアイデアを要約し解決するわけだが、この部分は音楽でいえばコーダのような部分だ。人類が始まって以来機能してきた語りのモデルに抗(あらが)わないこと。「序論」は、「はじめに / 中間部分 / まとめ」の三部構成としておこう脚注1。

4-3 書き始めは力強いトーンで

　論文の書き始めというのは難しい。不安にかられながら、「序論」を書き始めるのは、泳げない「かなづち」が小舟に乗り込むようなものかもしれない。そのためか、「序論」の最初の一文というのは、どこかぎこちなく、とりあえずの場所取りのような文——読み進めばもっと魅力的な文が出てくるかもしれないという期待を抱かせる空手形——になりがちだ。ここでは、退屈な書き始めの例を3つ挙げてみようと思う。これまでにこのパターンを使ったことがあったからといって落ち込まないでほしい。僕も、初めのころの論文では使ったことがあるし、いまでは、これも若さゆえの失策だったと温

かい気持ちで思い出せる。ということで、大学院生諸君はまねをしない方がよいと思う。

弱い冒頭表現

　生気を欠いた冒頭表現といえば、まずは「There is an increasing interest in ...（〜に対する関心が高まっている）」だろう。これにはいくつかバリエーションがあって、「The literature on [whatever] has shown a renewed focus on ...（〜に関する文献が、あらためて関心を呼んでいる）」、「In recent years, psychologists have focused their efforts on [something] ...（最近、心理学者は〜に鋭意取り組んでいる）」などもそうだ。こうした冒頭表現の後には、そのトピックがいかに関心の的となっているかを示す引用が山ほど続くのが通例だ。これはやめておこう。何かに関心が集まっていると述べたからといって、読者がその何かに関心を寄せることなどまずない。

　もたもたした冒頭表現ということでは、「（あるトピックが）手つかずのまま残っている」というのも、いい勝負だろう。「関心の高まり」から始めるのとは逆に、そのトピックについてはまだ何もわかっていないことを指摘することで「序論」を書き始めるというものだ。よく見かけるものとしては、「To date, little attention has been paid to the issue of [something people do]（今日まで、[人々が行う

脚注1　自著の話で恐縮だが、本書をパラパラめくってみると、本書も「ブックエンド／本／ブックエンド」の構成になっていることがわかると思う。章ごとに、「ブックエンド」が2つ、つまり序論的セクション（1〜3段落）とまとめのセクション（1段落）があって、その間に見出し3〜5つ分の「本」が挟まっている格好だ。読者の皆さんは、ここまで読み進めてくるなかで、どの章も似たような構成になっていることに、特段気づかなかったかもしれない。でも、こうした構成とすることで、文章が読みやすくなっているはずだ。

何か］という問題はほとんど注目されてこなかった）」、「A review of the extant literature on [your topic] reveals a dearth of knowledge about [something dearthy]. （［扱おうとするトピックについて］広く文献にあたったが、［その手つかずのトピックについては］ほとんど何もわかっていないことが判明した）」などがある。人によっては、こうした表現に比較を持ち込むこともあって、「Although [important topic] has been extensively studied, little is known about [obscure thing I'm studying]. （［重要なトピック］については十分研究されているというのに、［自分が研究中の曖昧模糊とした何か］についてはほとんどわかっていない）」という具合だ。しかし、こうした冒頭表現は、これまで研究されてこなかったのにはそれだけの理由があるはずだと冷ややかに受け止められるだけだ。冒頭の一文でそっぽを向かれるようでは困る。

　最後の3つ目は、伏兵とも言えるもので、「序論」の1行目で、参考図書に載っている陳腐な定義を開陳する辞書的な冒頭表現である。学部学生の課題じゃあるまいしと笑う向きもあるかもしれない。たしかに、ウェブスターの辞書からの引用で始まる論文は少ない。しかし、DSM（アメリカ精神医学会発行の「精神障害の診断と統計マニュアル」）、ICD（国際疾病分類）、CDC（疾病管理予防センター）といった3文字の単語から始まる論文ならごまんとある。臨床心理学系の雑誌は、こうした傾向が特に強く、「DSM によれば…」とか、疾患の有病率や典型的な症状から始まる論文が日常茶飯事だ。辞書的冒頭表現は使われすぎだし、ともかく野暮ったい。言ってみれば、「火星の人類学者がアメリカ心理学会の大会に出席したら、彼らはどう思うだろう」という一文から論文を書き起こすようなものだ。そもそも、何かの定義や、何かの有病率に関わる論文を書いているわけでもないだろう。その何かについて論文中で定義しておくことは、たしかに必要かもしれない。でも、「序論」の1行目というのは、明

らかに場違いだ。そうした定義は、「序論」の最初の「本」の1段落目で行うことを考えよう。

強い冒頭表現

では、どう書き始めればよいのだろう。本書では、選択肢を3つ提案する（ 資料4.1 には、実際に使われている例を、選択肢ごとに挙げた）。

1つ目の選択肢は、問いかけのかたちで始めるというものだ。ただ、多くの執筆者はこのかたちに抵抗があるようで、どうやら、露骨で押しつけがましい感じがするというのがその理由らしい。とはいえ、問いかけから始めるというのは、「序論」にすんなり入っていけるようにするうえで、簡単で直感的な方法だと思う。研究の駆動力となった問題を、文章の冒頭で伝えられた読者は、その続きを読まずにはいられなくなる。もし、問いかけというかたちが強引に感じられるなら、2つか3つの問いを並べておくのもよいだろう。 資料4.1 に挙げた2つの例では、どちらも、関連した問いを2つ並べている。2例目（Dunlosky & Ariel, 2011）の場合、2文目冒頭にAndを使うことで、一段階進んだ問いかけを行うという洗練されたスタイルをとっている（2章参照）。

2つ目の選択肢は、一般的な主張で始めるものである。このかたちだと、序論冒頭部分の包括的な背景がはっきりするし、そこから研究の具体的な説明へと無理なく絞り込んでいける。主張は、おもしろい内容やしゃれた内容であってもよいが、こうした冒頭部分は、ストレートなものにするのが通例だ。 資料4.1 にいくつか例を挙げてある。どれも、特段魅力的というわけではないかもしれないが興味を喚起しており、未解決問題であることに言及したり、辞書的定義から始めたりする冒頭表現よりずっとよいことがわかるだろう。

3つ目の選択肢は、たぶん一番難しい選択肢で、執筆者の意図を読者に対して徐々に明かしていくことで読者の興味を引くというものだ。この種の書き出しは、間接的な書き始め（一見直接関係のなさそうな情報から開始する場合）や脇道的な書き始め（本筋から少し離れたところから書き始めて本筋に戻る場合）と呼ばれることもある。執筆者のクリエイティビティが試されるのも、書いていて楽しいのもこのアプローチであるとはいえ、上手に書くのはたぶん一番難しい。 資料4.1 に示すように、この選択肢には、いくつもの変形例がある。1つは、具体例を使うもので、これは実際の例でも架空の例でもよい。そして、この具体例に、研究対象の抽象的概念をつなげる。2つ目は、一見関係のなさそうな内容で始めておいてから、その内容がどう研究と関連するのかを徐々に明らかにしていくものだ。「この話はどこに行くのだろう」という冒頭での関心と内容とのつながりが見えたときには、満足感が得られるはずだ。

資料 4.1　刊行された論文の1行目

問いかけによる書き始め

◆ "What should you do when intuition tells you one thing and rational analysis another? How should you choose, in other words, when there is a conflict between your head and your gut?"
(Inbar, Cone, & Gilovich, 2010, 232 ページ)
（直感と合理的分析が別のことを示唆している場合、どうすればよいのだろう？　別の言い方をするなら、頭と身体の間に葛藤がある場合、どうやって選択を行えばよいのだろう？）

◆ "When we are intentionally trying to learn new materials, how do we decide which materials to study first? And do we make decisions that

are relatively optimal, or do we tend to regulate study inefficiently?"
（Dunlosky & Ariel, 2011, 899 ページ）
（新しい事柄について意識的なかたちで学ぼうとする場合、我々は最初に手をつける事柄をどうやって決めているのだろう？　そして、こうした場合、我々は、ある程度適切な判断をできているのだろうか。それとも、学習というのは非効率なかたちで制御されがちなのだろうか？）

一般的な主張による書き始め

- "We live in a world where almost all movies are produced in full color."
（Chen, Wu, & Lin, 2012, 40 ページ）
（我々は、映画がほぼすべてフルカラーで製作される世界を生きている。）
- "The ability to automatically and implicitly detect complex and noisy regularities in our environment is a fundamental aspect of human cognition."
（Kaufman *et al.*, 2010, 321 ページ）
（複雑でノイズの多い規則性を、環境中で自動的かつ暗黙のうちに検知する能力は、人間の認知の根本的側面だといえる。）
- "Developmental researchers assess what infants know on the basis of measures of what infants do."
（Franchak & Adolph, 2012, 1254 ページ）
（発達論の研究者は、子どもが何をするかについての測定項目にもとづいて、子どもが何を知っているかについて評価する。）
- "People are most creative when they are intrinsically motivated, valuing creativity for its own sake."
（Zabelina, Felps, & Blanton, 2013, 112 ページ）

（人は、直感で動いているときは創造性それ自体を尊重しているので、特段に創造的になる。）

興味を引く書き始め

◆ "Imagine a wine glass. Is it tall or short? Wide or narrow? Do you imagine it from the side, from above, or is it just there?
（Glazek, 2012, 155 ページ）
（ワイングラスを思い浮かべてみよう。グラスは背が高めだろうか、それとも低めだろうか。太めだろうか、それとも細めだろうか。思い浮かべたグラスは、横からの姿だったろうか、上からの姿だったろうか、それとも、そこにグラスがあったというだけだろうか。）

◆ "In 2009, Bernie Madoff pleaded guilty to bilking investors out of an unprecedented US\$65 billion in a massive Ponzi scheme."
（Rotella, Richeson, Chiao, & Bean, 2013, 115 ページ）
（2009 年のこと、バーナード・マドフは、650 億ドルというかつてない巨額のネズミ講で投資家をだました罪を認めた）

◆ "If empirical research is to be trusted, you almost certainly have listened to music today and are probably listening to music right now."
（Silvia & Nusbaum, 2011, 208 ページ）
（実証研究が信頼に足る存在だとすれば、あなたはほぼ間違いなく今日音楽を聴いただろうし、たぶんいま現在も音楽を聴いているはずだ。）

4-4 短報の「序論」を書く

短報の場合はどうだろう。これまで考えてきたのは、通常の「序

論」、つまり分量が原稿で数ページ分を超えるような、見出しや小見出しもある実質的な「序論」だった。でも、要点をかいつまんで伝えることを旨とする短報のような文章を書く場合も、若干の変更を加えつつ同じテンプレートや手法が使える。つまり、文章展開用テンプレートは同じで、抽象的な論理展開も一緒でよいが、フォーマットとして短いものを用い、構成用テンプレートは変える。「序論」が原稿で3ページ分以内なら、見出しや小見出しが必要になることはまれだろうし、序論冒頭部分を書くかわりに、「序論」を包括的なかたちで開始して、本体部分に一気に進む。そして、「本研究」の見出しのかわりに、「方法」の前の最後の段落を「本研究では…」といったかたちで開始し、内容を提示すればよい。

【 まとめ 】

「序論」を書こうとすると気が滅入るという話はよく耳にする。「方法」や「結果」はいますぐにでも書けそうなのに、「序論」というぱっくり口をあけた地割れに渋々向き合っているわけで、これではジョン・スタインベックが新しい小説に取り掛かるときに感じたという「ひどい無力感」そのものだ(Steinbeck, 1962, 23ページ)。でも、翼を自由にはばたかせるのをやめてテンプレートの構造を利用すれば、「序論」はずっと楽に書ける。たしかに、文章展開用テンプレートにも構成用テンプレートにも邪悪なパワーはあるだろう。でも、自分の述べようとする論点が抽象的な意味で何なのかがわかっていれば、十分制御できる。テンプレートを使うことで、コンパクトで鋭い「序論」を説得力のあるかたちで展開し、読者が予測するとおりのかたちで材料を提示できる。

第5章 「方法」を書く

　世の中のたいていのことは、見かけより難しい。でも、そうでないものもあって、パンを焼くのは案外簡単かもしれない。材料を混ぜ合わせ、生地らしくまとまるまでしっかりこねて寝かせ、できあがった生地を整形して焼く。半分にまみれて雪男のように真っ白になるかもしれないが、それだけでパンができるし、友人やご近所も喜んでくれる。岩や枝や火だけでパンをこしらえていた太古の昔を思えば、少しはましなパンをこしらえられて当然だろうなどとは誰も言わない。簡単においしいパンが焼けるセットをウェブで購入してもかまわないわけだ。

　「方法」のセクションは、案外書きやすい。論文中で書きやすいと客観的に言える部分は、このセクションだけではないかとも思う。パンやスパゲッティを家でこしらえても、そうそう失敗しないのと同じ理屈で、「方法」のセクションも、失敗と言えるほどの失敗はないはずだ。しかし、少し手間をかけ、ある程度執着して細部に至るまで考えつくせば、どんな粗末なものでも芸術の域まで高めることはできる（Hamelman, 2004 など）。本章が、「方法」のセクションについて執着して考え尽くす一助になることを願う。

5-1 読み手が納得できる「方法」を書く

　どうすれば、よい「方法」が書けるのだろう。どうすれば、家で

つくるスパゲッティが、レストランのスパゲッティのような味になるのだろう。僕らは、マットのうえに「事実」だけをそっけなく並べておいて、通りがかった人に足を止めてもらおうというような、説明に終始するだけの「方法」を書きたいわけではない。読んだ人に何かを納得してもらえるような「方法」、それが僕らが書きたい「方法」だ。よい文章でダメな科学がどうにかなるわけでないのもすでに述べたとおりで、文章でのごまかしなど、そもそも不可能だ。読者には、世界レベルの方法論のスペシャリストもいるし、読者の大半からして、当該分野について執筆者よりよく知っていたりもする。そうした読者を説得するには、しっかりとした研究を行い、それをしっかりとした文章にまとめるしかない。

　一番の基本として、僕らは、自分たちが行った作業が妥当で有効だったことを伝えたいと思っている。つまり、用いたサンプル、デザイン、手順、測定項目などの全体によって、「序論」で展開した発想を検証できることを伝えたいわけだ。そのためには、「方法」のセクションで、研究で用いた方法論が、伝統的なものであったのか、それとも革新的なものであったのかをきちんと伝える必要がある。この「伝統的」vs「革新的」という軸は、「方法」のセクションの基本事項となる。プロジェクトの大半は、伝統的な方法を用いて行われるわけだが、伝統的な方法というのは、実証済みで旧式かつ定番の方法ということになる。一方、プロジェクトによっては、新たな測定項目を編み出し、新たな手順を開発するものもあるわけで、そうしたプロジェクトは、賢明で型破りで創造的だ。

　研究が、伝統的な方法でなされたのか、革新的な方法でなされたのかは、どちらによって行われたかが「方法」に書かれている限り、どちらでもよい。伝統的な研究については、「用いた方法は、基本的にみんなが使っている方法だ」ということを納得してもらうことが目標になる。革新的な研究については、「用いた方法は新規で賢明な

ものであり、その新規な方法によって、これまでの方法ではできなかったことができるようになる」ことを納得してもらうことが目標になる。要は、研究の基本が、無難で安定したものなのか、賢明で魅力的なものなのか、それとも両方なのかが読者に伝わればよいわけだ。

「方法」を伝えるのは、そんなに難しいことではない。伝統的な方法の場合なら、研究で実施した内容と、すでに公表されている研究との関連をしっかり述べよう。まず、研究アプローチの妥当性について引用しつつ簡単にエビデンスを述べる。手順、処理、得られた結果については、たいていは方法論の文献が見つかるはずだ。研究を実施した以上、なぜそれを実施したかについてのそれなりの理由があるはずで、そうした文献はすでにチェック済みの場合も多いだろう。次に、研究で用いた方法が他の研究者にも用いられていることを指摘しよう。研究で用いた課題、指示、サンプリング法、結果での測定項目などが他の研究者にも使用されているということを、文献に精通しているわけではない査読者にもわかるようにしておくということだ。できれば、投稿予定雑誌に掲載されている、その方法を用いた著名な研究者の論文を引用しておくのがよいだろう。

自分が、他の研究者と同じように動いているだけだと指摘するのは、底が浅いように感じられるかもしれない。たしかに、人と一緒だというのは、どう考えても、研究の妥当性や自分が行った行為の合理性を主張する議論ではないだろう。「あれまぁ、もしみんなが橋から川に飛び込む行為についての行動傾向を、短い自己報告用紙を用いて場当たり的に測定し始めたら、おまえもやるのかね」と母親に小言を言われる場面を想起した人も多いだろう。しかし、科学者というのは、豚や鳥のように騒々しくないとはいえ、群れで走る生き物だ。

革新的な方法の場合には、もっと詳しく説明する必要がある。伝

統的な方法なら、過去の研究をいくつか適切なかたちで引用しておけば、それで済むことも多い。でも、革新的な方法の場合はそうはいかない。その方法がどうやって開発され、なぜその方法を用いることに意味があるのかについての率直な議論が必要になる。でもこれはそんなには難しい話ではなく、その新しい方法が必要とされる理由を説明しておけば十分だろう。その新しい方法は、従来の方法ではできなかった何ができるのか、その新しい方法は、(時間、人員、コストなどが)従来より効率的なのか、その新しい方法は、(信頼性や有効性などが)従来より効果的なのか、それともその新しい方法は、従来の方法とは質的に違う何かを行うのかといったことについて説明すればよい。もし可能なら、その新たな方法と、過去の似た研究との関連について説明しておこう。ヒントになった事柄など、何かその新しい方法と共通点のある事柄──つまりその「産声をあげたばかりの赤ちゃん」のような技術の親戚のような技術──があれば指摘しておくということだ。ともかく、自分の革新的方法については恥ずかしがらずにきちんとアピールしておこう。

5-2 どこまで詳しく書くか

「方法」は、どこまで詳しく書けばよいのだろう。1つの流儀は、研究を他の研究者が再現可能な程度までは詳しく書いておく必要があるというものだ。ただ、失われた文明の縮小モデルを屋根裏でこしらえようというのでもない限り、そこまでの詳細を書いたり読んだりすることに耐えられる人は少ない。実際に研究プロジェクトに携わった経験があればわかるように、実際の現場では、文章で伝えきれないほど多くのことが起こる。 資料5.1 に、実際のエピソードを列挙する。これらの大半は僕のもの、いくつかは友人のものだが、いずれも、「方法」のセクションに記載されることはなかったものである。実験者が着ていた服、研究室の床にこびりついたロールシャッハ・テストのしみ、キーボードの汚れ——こうした事柄は、歴史の彼方に消えていく。

資料 5.1 没になった原稿から

- 最初の16例は、実験者である若い女性が被験者と接する際に「ポルノ女優」と大きく書かれた肌の見える上衣を着用していたため、除外した。本研究は、周縁化された人々に対する偏見において宗教原理主義が果たす役割をめぐっての研究であるため、こうした例は除外した方がよいと考えた。
- テープの多くに録音されているドンドンという大きな音は、実験者が、研究参加者の壁にボールを所在なげに投げている音であることが判明した。
- 子ども1名を分析から除外した。その理由は、このセッションを担

当した研究アシスタントの学部学生が、宗教的冒涜語を数回使用したからである。弁護しておくと、彼女（子どもでなく研究アシスタント）は酔っていたようである。

◆ 研究参加者は、異例ともいえるほど女性が多く、これは、研究参加者プールとして学部学生を用いた研究の標準に照らしてもそうであった。また、女性の割合は、学期を通して上昇し、これは、通常の傾向とは逆であった。この点について実験者（オーストラリアから海外留学で来ている下着モデル）に見解を求めたが、彼からの示唆は得られなかった。

◆ 研究参加者は、大学の余剰品倉庫の奥から回収してきた古いコンピュータで調査用ソフトウェア MediaLab を使用して質問票に回答した。研究参加者の約 38 % は、それらのコンピュータより若かった。

◆ 研究参加者の 1 名は、生来の盲目状態にあったので、実験のうち、目隠しを用いた視覚的プライミングの部分に参加できなかった。

◆ 研究参加者の大半は同じ部屋で実験を行ったが、足の臭いのひどい参加者のせいでメインの部屋が使用不能となったため、8 名は別室で実験を行った。

　説得力のあるアプローチというのは、きちんとした読者であれば研究を評価できるだけの十分な情報を提供するようなアプローチのことだろう。これは、『*Publication Manual of the American Psychological Association*（APA 論文作成マニュアル）』（APA, 2010）の立場でもあり、同書には、

　　「研究に用いた方法が完全に記述されていれば、読者は、研究方法の妥当性と研究結果の信頼性を評価することができる」

第5章 「方法」を書く

と記載されている（29ページ）。この場合の目標は、研究の要部をきちんと開示して、研究のアプローチが目的に照らして賢明だったかどうかを読者が判断できるようにすることにある。「ごまかすのは無理」という金言を思い出すのもよいだろう。もし研究に用いた方法に妙な側面があるのなら、査読者もその妙な点に気づくはずだ。自分が行った行為に関してはオープンであること、そして、研究で用いた方法が研究目的に合致している理由をしっかり説明することが大切だろう。

　しかし、読者が何を知りたがっているかが、わかりにくいこともある。ある分野で必須の項目が、他の分野ではさして重要でなかったりするからだ。一例を挙げれば、心理学の論文の場合、データを集めた日付が書かれていることはめったにない（最初にデータを解析したときにLP盤の「パープル・レイン」を聴きながらSPSS/PC+を使っていたことが露見するのが怖くて日付を書けない研究者もいたりするのではなかろうか）。これは残念なことかもしれない。というのも、研究参加者として学部学生を使っている研究者は、学期を通じて研究参加者の質が変わってしまうことを熟知しているからだ。学期始めは、まじめな学生が多かったのが、学期も終わり頃になると、気まぐれな学生が多くなる（Stevens & Ash, 2001; Witt, Donnellan, & Orlando, 2011）。とはいえ、他の分野（CONSORTのガイドラインが使用されるような分野など）には、研究がいつ、どこで行われたかを記載しておくことが必須の分野もある（Schulz, Altman, Moher, & the CONSORT Group, 2010）。別の例を挙げると、データを集めた環境（照明、備品、温度など）が書かれていることもめったにない。水道水がいかに脳の作用を改善するかについての研究（たとえばBenton & Burgess, 2009）――コーヒー嫌いの水好きが研究を行ったということだろうか――などでは、室温を記載するのも普通のようだが、実験が室温で行われた旨が記載されているのを見かけ

ることはまずない。たぶん、大学の建物の温度というのが、公園を駆け回る未就学児よろしく不安定だからだろう。

　論文についての大抵の厄介な判断同様、「方法」をどこまで詳細に書くかについても、投稿先の雑誌に掲載されている他の論文を見て判断すればよい。雑誌のエディターは、他の論文の場合も、やれ情報をつけたせ、拡張せよ、削除しろと論文の著者を追い立てたわけで、結果として雑誌に掲載された論文を読めば、研究について評価するうえでエディターが見たかった詳細がどのようなものだったかがわかる。判断がつかないときには、詳しめに書いておこう。研究材料については、オンラインのアーカイブにアップロードしておけれ ば理想的だが、この点については 5-4 節で後述する。オンラインにアップロードされていれば、プロジェクトの詳細に興味を持った査読者や読者はオンラインのファイルを参照することができるし、そうではない人は簡潔な印刷バージョンを読めばよい。

5-3 「方法」で記載する各項目

　「方法」は、いくつかのセクションに分けて小見出しをつける。小見出しには、どの論文にも共通のものも、その研究分野に特有のものもある。このあたりは、個々の分野の慣行にしたがっておこう。投稿予定の雑誌に載っている論文を見本にするのがよいだろう。

研究参加者（とデザイン）

　最初の小見出しは、「研究参加者（Participants）」または、「研究参加者とデザイン（Participants and Design）」とする。このセクションは、サンプルについて説明するところから開始する。つまり、誰が

参加し、何人が研究から離脱し、何人をどういう理由で分析から除外し、参加者をどこで募ったのかといった事柄である。実験デザイン（古典的な 2×2 の実験や介入研究など）があるのであれば、このセクションの最後に、デザインの詳細や条件ごとの参加者の特徴などについても記載しておく。

　研究参加者についてどう説明するかは、分野によってとてつもなく違う。研究参加者の人数と男女の内訳のみを記載する分野というのはあって、社会心理学や認知心理学が代表格だろう。こうした分野では、学部学生を募って研究に参加させることも多い。その一方で、接触したが断られた人たち、当初参加していたが離脱した人たち、研究終了まで参加し続けた人たちについての広範な情報を記載する分野もある。こうした場合の情報は、研究参加者の内訳をまとめた表や、参加者募集チャートのかたちで提示されることが多い。サンプルについての説明というのは、案外厄介な作業なので、投稿予定先の雑誌を何号かめくってみて、掲載された各論文でどうなっているかを確認しておくこと。疑問がある場合には、詳しめに書いておこう。

手順

　どんな論文でも、「手順（Procedure）」の小見出しをつけて、何が起こったのかについて説明することになる。研究によっては、この部分がほんの数行しかなく、参加者がやってきて、その参加者からインフォームド・コンセントを得て、質問票を記入してもらったといった経緯しか記載されていないものもある。そうかと思えば、裏切りあり、共謀ありのエピソード満載で、マニアのパーティーで上演される芝居さながらというようなものもある。ともかく、「手順」に関しては、何が起こったのかを簡潔に記載しておこう。論文を読

むのは、似たような研究に従事するしっかりした研究者であることがほとんどなのだから、細部までくどくど書く必要はない。「手順」が長くなるときには、小見出しの使用について検討しよう。独立変数、観察のタイミング、募集やサンプリングの「手順」といった項目はもちろん、それ以外でも複雑な作業はそれ自体の「手順」の説明になる場合もあるわけで、そうした事項についても小見出しをつけた方がよい。

　読者が納得できるように「手順」を説明するためには、きちんとした理由と引用による裏付けの両方が必要だ。ピンと来ない「手順」というのは情景描写ばかりで、何をしたかについては列挙されているのに、なぜその作業が行われたのかが説明されていなかったりする。可能な場合は、なぜその処理、パラダイム、過程などを用いたのかについて簡単に説明しておこう。説明は、そのパラダイムが一番広く使われているとか、最近の研究で妥当性のエビデンスが示されているとか、それが一番効率的だといった程度のシンプルなもので十分だ。どんな理由であっても、理由について書いたら、よい論文を引用して補強しておくこと。理想を言えば、引用する論文は、投稿先の雑誌に載ったものがよい。

装置

　「装置」の部分では、論文の読者、つまり当該分野のきちんとした研究者であってもなじみの薄いような装置やソフトウェアについて説明する。装置についての記載が必要な論文はそう多くはない。研究装置のほとんどは、少なくとも似たような研究を行う研究者からすれば見慣れたものだからだ。「研究参加者は、実験実施者が電動鉛筆削り（X-Acto1800シリーズ）を使って準備した尖った鉛筆（HB、タイコンデロガ）と消しゴムを用いて質問票の記入を終えた」などと

書く必要はないだろう。とはいえ、装置が研究のメインであったり、その分野では通常使用しない装置——これは、もののたとえだが、ガムテープと、ヘアスプレーと、盗み出してきた銅製の樋を使って地下室でこしらえた電気ショック用マシンのようなもの——を用いたりした場合には、詳しく説明したうえで、情報源も引用しておくこと。

測定項目と結果

　研究を実施したのであれば、たぶん何かを測定したはずだ。そして「測定項目」や「結果」をきちんとしたかたちで記載することは、たやすいはずで、それはぜひそうした方がよい。というのも、「測定項目」や「結果」の記載のしかたがまずいと、査読者の怒りを買い、その怒りは、罪状をはるかに上回るのが常だからだ。自己報告で用いた尺度について、尺度のアンカーが書かれていないくらいで怒り始めるなんて、人生の目標を見失っていると思う向きもあるかもしれない。でも、学術分野の出版とはそういうものだ。

　「測定項目」と「結果」は、それこそ、観察データ、視線の追跡、生物サンプル、臨床でのインタビュー、生理学的測定項目、反応時間とエラー率、自由な発話とテキスト、自己報告で用いた尺度など、何でもよい。いずれの場合も、測定対象をどのように測定したのかについて説明し、信頼性と妥当性のためにもエビデンスを引用して立証しておく必要がある。説明には何行もいらないはずだ。通常、きちんとした引用をいくつか行っておけば十分だろう。革新的な測定項目を用いた場合には、紙幅を割いての説明が必要だが、通常の測定項目を用いたのであれば、簡単な説明と若干の引用で十分ということだ。論文の結果が、投稿先の雑誌で一般的ではない場合は、評価の核心部分について執筆する作業に時間をかけよう。

自己報告で用いた尺度は、測定項目としてはもっとも一般的だろうし、読者が納得できる説明も書きやすいはずだ。まず尺度について説明し、引用する。つまり、その尺度で、表面上何を測定しているのか、その尺度はいくつの項目を有しているのか、反応スケールは何か（例：0～5、1～7、-3～3）、反応ラベルやアンカーは何か（使用時）といったことを説明する。次に、有効性や信頼性についてのエビデンスを簡単に説明し、引用する。最後に、その尺度が有力な雑誌で使用された最近の例を引用して、投稿予定論文も他の研究と同様である、つまりいわゆる「ベストプラクティス[*1]と合致」していることを確認する（ちなみに、測定に精通した査読者であれば、尺度自体に信頼性や妥当性があるわけではなく、測定結果の信頼性や妥当性は、研究によって裏書きされるものであることを熟知している。「この尺度については、すでに確認されている」などと書くのは、査読者を挑発しているとしか言いようがない）。

5-4 論文のオープン化、共有化、アーカイブ化

　心理学は、現在、当該分野で行われている研究をどのようなかたちで論文にまとめるべきなのかについて自ら振り返っている最中だ。これには、いくつもの背景事情がある。アメリカ心理学会（APA）も、『*Publication Manual of the American Psychological Association*（APA論文作成マニュアル）』（APA, 2010）で、用いた基準についてきちんと記載することを推奨しているし、クーパーの定番書（Cooper, 2010）も同様で、これらがポジティブな背景だろう。こうした努力の目標は、研究を蓄積性のあるオープンで読みやすいものとするこ

[*1] その分野の最善と考えられているやり方。

第 5 章 「方法」を書く

とであり、よい目標だと思う。もう少し暗い背景として、心理学界隈の雑誌に偽陽性言説が蔓延しており、そのことがあらためて懸念されているという事情がある(Simmons, Nelson, & Simonsohn, 2011; Murayama, Pekrun, & Fiedler, 2014)。予想外に多くの知見が再現性を欠いており、単一の派手な効果を報じる短い論文などは、惨憺たる状況だ(Ledgerwood & Sherman, 2012)。

とはいえ、方法論をめぐる内省ということで一番憂鬱な事情を抱えているのは、社会心理学だろう。2011 年、この分野では、主要誌『パーソナリティ・社会心理学雑誌(*Journal of Personality and Social Psychology*)』に、超心理学と心霊力を扱ったダリル・ベムの論文(Daryl Bem, 2011)が発表されるという事件があった。妙なことだが、「超心理学」分野の『超心理学雑誌(*Journal of Parapsychology*)』は、パーソナリティと社会心理学を扱った論文の掲載を了承しなかったのである。さらに同年、この分野では、それよりはるかに深刻な事態が発覚することになった。オランダの高名な研究者ディーデリク・スターペルが、『パーソナリティ・社会心理学雑誌』掲載の諸論文を含む何十もの論文で、10 年以上にわたってデータを捏造していたことが発覚したのである。もし、ベムの超能力者たちが『パーソナリティ・社会心理学雑誌』掲載論文に登場するのではなく同誌を読んでいたのであれば、スターペルの一件はもっと早く露見したかもしれない。

社会心理学者は、本物の研究者と見なされるべく長らく腐心してきたわけだが、最近はすこぶる肩身が狭い。しかし、折りに触れて難局と対処することは、社会科学、行動科学、健康科学分野の僕ら全員にとってよいことだとは思う。研究の基本は、これまで以上にオープンである必要があり、研究をめぐる慣習が変われば、論文の書き方も変わってくるはずだ。

「方法」のセクションでいろいろ開示するのは、最近のトレンドの

1つだろう。研究者によっては、仮説を立てたのが、データ解析より前であったかどうかについて開示したり (Kerr, 1998)、条件、研究参加者、従属変数、実験などの省略の有無について開示したりして (Simmons, Nelson, & Simonsohn, 2011, 2012)、「方法」をめぐる開示内容を増やす提案を行っている。用いた測定項目などについては洗いざらい開示せねばならないというプレッシャーがかかっていることで、自分の希望に沿った研究結果や知見のみを選択的に報告することはしにくくなるはずだ。

「方法」について開示するのは、よい慣行だし、雑誌はそうした方向を追求してしかるべきだとも思うが、僕の印象では、現時点での提案の多くは、非実験的な分野、探索的な分野、発見指向の強い分野などより、(認知心理学や社会心理学のような)実験分野や仮説検証的な分野の方がうまくいくように思う。たとえば、大規模な縦断的研究や調査的研究の主眼は世界中の研究者が何十年にもわたって利用できる巨大なデータセットを用意することにあるわけで、MIDUS (National Survey of Midlife Development in the United States、米国国民中高年健康調査) や HRS (Health and Retirement Study、健康と退職に関する調査) のような巨大なデータセットを用いて二次的な分析を行う研究者は、分析対象として提供されている研究参加者の大半や、変数のほぼすべてを「省略」することも多いはずだ。

開示方法としては、研究関連資料をウェブ上にアーカイブするかたちも有望だ。質問票、ソフトウェアのファイル、インタビューのプロトコルなどをウェブにアーカイブして他の研究者も見られるようにできない理由など、ほとんどないはずだ。雑誌の大半は、そうしたかたちでのファイル類のアーカイブに消極的かもしれないが、研究関連資料を共有するツールや空間は他の機関からも提供されている。たとえば、科学の効率化と透明化を目指す非営利団体であるオープン・サイエンス・フレームワーク (Open Science Framework,

OSF, www.osf.io）でも、研究者がオンライン・ファイル・アーカイブを作成することができるし、このアーカイブは、仲間内（例：数人）で共有したり、グローバルに公開したりできるようになっている。各アーカイブは、独自の恒久的なリンクを持っているので、執筆者は論文にそのリンクを記載しておけばよい。オープン・サイエンス・フレームワークで僕のアーカイブを検索してみるのも一興かもしれない。

さらに一歩進めて、生データそのものを、個人識別が可能な情報を除いたうえでアーカイブするという方法もある（Wicherts & Bakker, 2012）。生データにアクセス可能な状態が広がってくれば、研究過程も変わってくるはずだし、僕らが研究論文を書くときの書き方も変わってくるはずだ。スターペルのような生データをこしらえてしまうタイプのデータ捏造は減ってくるだろうし、研究者は再解析やメタ分析のための生データを入手しやすくなる。ただ、生データ入手のハードルは、現状ではとてつもなく高い。ウィチャートら（Wicherts *et al.*, 2006）には、フラストレーションを扱った論文についてのケース・スタディーで、アメリカ心理学会誌に発表された新しい論文の生データを入手しようとして彼らが苦心惨憺した事情が書かれている。何ヵ月にもわたって要請し続け、何百通ものメールを送ったあげく、彼らが受け取ったのは、データセットの26％のみであった。アメリカ心理学会のデータ共有ルール遵守が必要とされる雑誌に載った発表後1年たっていない論文でさえこの状態だったということだ。ちなみに、データ入手は、年月とともに困難になる。発表論文の生データを長年にわたって要請し続けてきたヴァインズら（Vines *et al.*, 2014）によれば、研究の生データを入手できる確率は、出版後1年経過するごとに17％ずつ減るそうだ。ヴァインズらがこうした研究結果にもとづいて出した結論は、「長期的にみれば、研究データを個々の研究者が確実に保全するのは無理」とい

うものだった（94ページ）。研究室のとっちらかった状態を見たことがあれば、この結論には同意できるのではなかろうか。

　研究関連資料や生データの大規模なアーカイブ化が進めば、「方法」は、いろいろな意味で書きやすくなるはずだ。質問や指示の内容、サンプリング法などをこと細かに説明するのではなく、要約を記載して、後は、関連資料のオンラインのアーカイブ、つまり自分のウェブページや雑誌のウェブページ、あるいはオープン・サイエンス・フレームワークなどにリンクを張っておけばよい。論文の付録は、長々と続く数式や用語リストを道連れにして消え去ることになるだろう。しかし、「方法」は、別の意味で手間が増えるはずだ。アーカイブ作成時には、作成、ダブルチェック、記録などが必要になってくるし、従来存在しなかったような工程や作業が必要になってくる。

まとめ

　「方法」のセクションを最初に書くのは、誰もが幸せな気分のときには微笑んだり、赤ん坊に裏声で話しかけたりするのと同じで、人類普遍のようだ。誰もがそうしているなら、それはよい発想に違いないとする研究もある（Eidelman, Crandall, & Pattershall, 2009）。このセクションは、一番書きやすいし、書き損なうことも一番少ない。目標は、読者が知りたいと思っている内容を説明し、研究で用いたアプローチの妥当性を納得してもらうことだ。自分の研究を、他の研究者がこれまで行ってきた諸研究とさまざまなかたちでつなげておくことで、研究をきちんと実施したことを実証するという「方法」のセクションに課せられた任務を達成できるはずだ。

第6章 「結果」を書く

　美術批評の一風変わった考え方として、美術とはまずもって言葉をめぐる存在だというものがある（Wolfe, 1975）。たとえば、ある美術館で、「テラー（恐怖）とテラリウム：現代南部絵画にみる超自然ゴシックのイマジネーション」という展示が開かれたとする。そこには、絵画が2ダースほど展示されているかもしれないが、画家が何を見ているかの立脚点ともなる自ら記した「宣言文」、作品脇に配置された解説、展示作品をいかに選び、それらがいかに展示のテーマを体現しているかについて学芸員が延々と述べた文章、展示に際して資金提供を受けた諸団体への謝辞など、ゆうに1万語に及ぶ言葉がつづられているに違いない。潔癖な向きには、偉大なアートには説明など不要だと感じられるかもしれないが、たいがいの人にしてみれば、なぜ、これらの物体に後光が差しているのかについてのヒントが得られるのはありがたい。

　科学者も、画家と一緒で、読者を信用しすぎることがあるのではないだろうか。でも読者というのは、執筆者が思うほどには、研究結果――つまりデータ、記述統計、構造モデル、推測統計など――の意味を理解できない。そこで、多くの論文で、「結果」のセクションは、共通の問題点を抱えることになる――SPSSの出力をそのまま書き出したかのような段落仕立ての数字と検定結果の泥沼になるわけだ。「結果」のセクションに数字がつきものなのも、定量的研究では統計的手法を用いた実証が大事なのもよい。でも、数字をむき出しのまま壁に飾っておいて、自分たちの主張を批評家にわかって

もらおうというのは虫がよすぎる。

本章では、言葉と数字、文脈と桁数の双方を大切にするような「結果」のセクションの書き方について説明しようと思う。「結果」は、自分の主張の正しさを明らかにする場である。「序論」で考えを提起し、「方法」で検証のしかたについて説明してきたうえで、この「結果」部分で自分の推論をエビデンスをもって正当化するわけだ。「結果」という場は、単に数字という荷物を降ろして次の「考察」でその荷物について説明するというのではなく、論文の考え方を読者に対して具体的に確認し、何を見つけたのかを説明し、そのことの持つ意味をしっかり展開する目的で使ってよい（Salovey, 2000）。そうすれば、論文の知見は理解しやすくなるし、説得力も増すはずだ。

6-1 短い「結果」

雑誌の査読をしていると、激しく削り取った後の樽の底がどんなふうに見えるものなのかがわかってくる。日の目を見ることのない論文というのは、「結果」のセクションが悲惨な状態、つまり数字が脈絡なく並んでいたり、基本的な分析を欠いていたり、その両方であったりすることが多いのだ。発表までこぎつけた論文の「結果」は、最低限の基準は満たしているのが常とはいえ、その多くは、地味で禁欲的なことにかけてはドイツの前衛演劇とよい勝負だったりする。事実だけ、数字だけ、仮説の検定だけを並べることに暗い喜びを感じる執筆者が多すぎる。教員としては、この種の自己否定的心情も理解できなくはないが、できあがった文章は意味不明になりがちだ。

「結果」のセクションの目的は、「これが僕らが見つけたことで、その意味するところはこれだ」ということを主張することにある。

第6章 「結果」を書く

したがって、「結果」のセクションには、きっちり「伝わる」メッセージが必要だ。でも、いざ書くという段階になると、その単純なことがご多分に漏れず難しい。多くの執筆者は、自らが見い出した内容を「結果」のセクションで文脈に沿って書くことに慎重になるようだ。これも、学部学生のときに、「「結果」は数字を書くところなのだから、わかった内容だけを書けばよい。説明や解釈は、「考察」までとっておけ」と叩き込まれてきたせいだろう。

僕ならまったく逆に、「理想的な「結果」のセクションには、数字はいらない」と提案するところだ。もちろん、こうした見解は非現実的だろうし、「引退したらニューハンプシャーでボートをこしらえる」や「コーヒーの香りのする紅茶を発明する」といったたぐいのファンタジーにとどまるのかもしれない。でも、「結果」のセクションは、仮に数字をすべて削ぎ落したとしても、きちんと読めて意味が通る必要がある。また、実際問題として、読んだ人が納得できる「結果」のセクションを書く簡単な方法は、数字なしで書いてから、きちんとした文章になるまで推敲を重ね、最後に数字を流し込むというものだ。家でやってみること。

とっちらかった「結果」のセクションをまとめるうえでは、なるべく多くの情報を表にまとめてしまうというのが、おそらく一番簡単な方法だろう (Salovey, 2000)。読む側からすれば、読まねばならない文章の量が減り、そのかわり、文章で説明可能な量よりずっと多くの情報が表に詰まっていることになる。表に向いた統計というのは多々あって、記述統計、相関、回帰係数、モデル適合度のまとめなどが一般的な例だろう。せっかくスペースを割いて表にするのだから、表にした方がよい情報は、本文中でなく、なるべく表に入れてしまおう。たとえば、記述統計の表には、通常予測されるような平均や標準偏差だけでなく、代表値(中央値や最頻値)やばらつき(信頼区間、最小値、最大値など)といった測定項目も記載しておく

べきだ(潜在意識が我慢しうる限度を超えた数の論文の編集や査読を行ってきた立場からすると、表には、95％信頼区間をぜひ入れておいてほしい)。ともかく、表もそうだが、図を使うと、文を執筆する際の制約が少なくなる。読者も、表になっていれば、(その人が読み取れれば)効果のパターン、構造方程式のモデル、時系列などを手早く理解できる。

6-2 「結果」の構成

「結果」のセクションは、通常2つの部分、つまり短くて退屈な部分と、長くて興味の尽きない部分からできている。退屈な部分というのは、書籍でいえば著作権のページに相当するような部分、興味の尽きない部分というのは、論文のストーリーそのものである。

退屈な詳細事項：著作権のページを参考に

どんなすばらしい小説にも、油まみれで構造を支えている構造部品がある。書籍の著作権のページ[*1]というのは、たまに新機軸を打ち出す著者もいるにせよ(Eggers, 2000)、基本的に地味なページだ。でも、このページには、その情報が必要な人にとっては必須の情報が載っている(ウソだと思ったら、米国議会図書館の CIP (Cataloging-in-Publication)情報にアクセスできない図書館スタッフの悲嘆と怒りを想像してみよう)。そして、この著作権のページは、簡潔きわまりない。冗長な詳細がほんの数行にまとめられ、斜め読みするのも、読み飛ばすのも簡単だ。

---

*1 欧文書籍では通常目次の前に著作権関連情報がまとめて記載されている。

第 6 章 「結果」を書く

　「結果」のセクションも、同様にすべきだろう。研究には、本論の展開とは無縁だが、かといって省くわけにもいかない退屈な詳細事項がつきものなわけで、そうした事項が本文中に無造作に記載されているのを普段から目にしているはずだ。こうした事項は「結果」のはじめの部分に書かれることが多く、「データ処理（Data Reduction）」、「予備的解析（Preliminary Analyses）」、「モデル仕様（Model Specification）」、「解析プラン（Analytic Plan）」といった見出しがついていることも多い。論文で何をどう分析したかによって、この箇所の記載内容が決まってくる。 資料6.1 によく見かける記載事項を示す。一般論としては、研究の段取りに関して読者が想定するような事柄は、ここに書いておけばよい。退屈であること自体は心配しなくてよい。書かねばならないことはさっさと書いて、本論に戻ろう。

資料 6.1 「結果」の「著作権のページ」的部分に記載される事項の例

- 得点の計算方法。たとえば、逆転処理、加算・平均算出などの魅力的詳細。
- 生物学的データの圧縮と処理。ソフトウェア・プログラム、アルゴリズム、フィルターなどを含む。
- 内的整合性、評価者間信頼性、経時的安定性の推定値。
- マルチレベルモデルについての、中央化や級内相関の詳細。
- 外れ値のスクリーニングと検出。
- 自分のデータが統計的仮定に合致するかどうかの検定。
- モデルの詳細についての基本と、確認的因子分析のための適合度の統計。
- 推定法についての情報、たとえば通常の最小二乗法、最尤法、ベイ

ズ系のマルコフ連鎖モンテカルロ法などや、そのために用いた特別のソフトウェア。
◆ 欠損データについて。

中核となる知見：ストーリーとして展開する

　論文のストーリー展開こそ、読者が読みたかった部分だ。何を見つけたのか？　うまくいったのか？　若者は、勇猛果敢な行いをもって乙女の心を射止めたのか？──「結果」こそ、得られた知見について記載し、説明する場所だ。これまでと違う雑誌への投稿を考えているなら、その雑誌に載った論文のいくつかに目を通して、統計データ取り扱いの傾向を把握しておいた方がよい。例を挙げれば、効果量の報告が必要な雑誌もあれば、そうでない雑誌もある。標準誤差を好む雑誌も、標準偏差を好む雑誌もある。さらに言えば、独特の要件を課す雑誌もあって、『*Psychological Science*（心理科学）』誌では、一時期、投稿者に P_{rep}（Killeen, 2005）の使用を要求していたものの、この薄幸の統計手法はすでに用いられていない（Doros & Geier, 2005; Iverson, Lee, Zhang, & Wagenmakers, 2009; Trafimow, MacDonald, Rice, & Clason, 2010）．

　メインの知見について議論するときは、簡潔でロジックに沿った構成を心がけよう。論文で使う可能性のあるさまざまなタイプの「結果」を、とりまとめて説明するのは難しいが、こういう場合こそ、文章をめぐる直感的な二大原則が役に立つのだと思う。まず、「中心から周辺へ」と書き進めること。一番肝心な知見は最初に提示しよう。肝心な知見に向かってお芝居のように徐々に盛り上げるような演出はしないこと。それでは、ミステリー小説になってしまう。得られた知見の大半は、中心的な知見に照らしてみることで初めて意

味をなすわけで、一番大事な作用効果は最初に書いておくべきだ。次に、「大筋を述べてから詳述」すること。限定・媒介・調整要因などに取り掛かる前に、中心となるポイントをしっかり述べ、それから細部について述べる。読者は、ルールが何なのかがわかっていない限り、ルールの例外について理解することはできない。

　小見出しや段落分けは、次の話題に移行する際の効果的な目印となる。論文中でも、「結果」のセクションは、短くて舌足らずな段落が許容されるセクションだろう。文1つか2つしかないような段落は、「序論」や「考察」であれば展開不足でぎこちなく感じられるものだが、このセクションなら特に問題はなく、むしろ効果的だ。それぞれ異なる点について論じた短い段落がいくつか続いている方が、それらが1つにまとまった段落より理解しやすい。

　新鮮で現代的な段落を構成するということでは、ヨハン・ヘルバルトが統覚量をめぐって1830年代に展開した考え[*1]を利用することもできる（Dunkel, 1969）。これは序論冒頭部分に関しても言及したアプローチだが（4章参照）、この基本構造では、まず分析の背景にある概念的問題を読者に知らせておいてから、分析内容と結果を記載し、得られた知見がその概念的問題にとって何を意味するかについて説明する。こうした「問題周知→記載→説明」という展開は、うまく機能する。ということで、まず、各分析を問題のかたちで提示しよう。つまり、基本問題について述べることで、なぜその問題と取り組んでいるかを読者に理解してもらい、次に検定などについて報告・記載してから、簡単な説明を行うということだ。「結果」のすべての段落がこうしたかたちになることはないだろうし、その必要もないが、中心となる知見に関しては、このかたちでの展開を試

---

*1　新しい知覚表象や概念を理解するときには、過去に得られた知覚や知識を利用するという考え。

してみることをすすめたい。読者にとっても読みやすいし、執筆者のメッセージもよく伝わるからだ。

6-3 さしせまった問題と細かい問題

先端的な統計をどのように報告すべきか

　読者の大半が理解していない統計手法を研究で用いた場合には、どうすればよいのだろう。古き良き1950年代には、相関、t検定、分散分析（ANOVA）を全員が理解していた。探索的因子分析のような挑戦的領域はともかく、統計といえば、そのくらいしかなかったからだ。一方、現代では、優れた研究者といえども、応用統計学で多面的に展開される最前線のすべてはフォローしきれない。その結果、いざ論文を書くという段階になって、論文の内容が読者の大半にとって理解不能であることに気づいたりする。読者には、研究内容を理解してもらわなければならないのに、査読つきの雑誌は、用いた分析アプローチについての包括的な講義を延々と続けるような場ではないという事態に遭遇するわけだ。つまり、読者がなんとかついてこられる程度には方法について説明しておかねばならず、かといって、こと細かに説明して執筆者が横柄に見えるのもまずい。

　自分が当該分野の統計学の最前線近くにいて、その位置で執筆する場合には、新たな統計ツールを身につける責任は読者自身にあることを念頭に置いておくのもよいだろう。読者もそれをわかっているだろうし、彼らにその分野のトレーニングが欠けていることに関して論文執筆者を非難したりはしない。とはいえ、読者が執筆者に対して期待している事柄というのはあって、わかりやすい説明（その方法を身につけるうえで役に立ったものなど）をいくつか引用し

たり、その方法について実践的に概観したり、その方法を用いたことの正当性について説明したりすることは大切だろう。その新しい方法について簡潔に説明し、その方法のどこにメリットがあるのかも説明しておけば、読者は喜んでくれるはずだ。

特定の方法に着目すれば、その方法について詳しく説明したり、その方法を用いたことの正当性にわざわざ言及したりする部分というのは、時間の経過とともに短くなり、いずれは消える。たとえば、1980年代の論文なら、なぜ実績のある中央値分割ではなく、当時最新であった回帰交互作用を使用したのかという説明が見つかるだろうが、最近の論文なら、中央値分割の方が忌み嫌われるだろう。また、1990年代の構造方程式モデリング（Structural Equation Modeling, SEM）を使用した研究では、1段落以上を割いてモデル適合度について定義し、適合度指標が何かについて説明し、モデル適合度に関連する論文を引用していたけれども、今日、SEMの研究がたくさん載るような雑誌では、多くの論文が、モデル適合度をめぐる種々の略語を特に説明もなく使っている。ある方法についてどのくらいの行数で説明すればよいのかについては、その方法を使用した最近の論文を、それも理想をいえば投稿予定の雑誌で何本か読んでみれば感覚をつかめるはずだ。

周辺的な知見をどうするか

「結果」のセクションでは、人生同様、「いつやめるか」も悩みどころだろう。執筆をめぐる判断ということで厄介なのは、周辺的な知見の扱い方かもしれない。明らかに些細というわけでも、かといって明らかに緊迫しているわけでもないような作用効果の扱いをどうするかという問題だ。「結果」のセクションでよく見かける失敗は、「ただそこにあったから」とでもいうような作用効果まで記載して

しまうことだろう。執筆者がこうした事柄も書いてしまうのは、網羅性について勘違いしているか、とめどもなく書き綴った「修士論文もどき」であってもチェーンソーで切断するのは嫌なのかのどちらかなのだと思う。ちなみに、こうした周辺的な知見が出てくるのは、たいていは「結果」の最後のあたりで、その場合、害は比較的小さい。しかし、「結果」の最初の方に出てくることもあって、この場合は、混乱を招くことになる。

　よい論文には、中核となるメッセージ、つまり主張したい主要なポイントがある。しかし、周辺的な知見がいくつも投げ込まれると、その肝心のメッセージが薄まってしまう。重要性に関してどこでラインを引くべきかという判断は難しいが、ラインはたしかに存在する。ラインの一方の側には、論文のメッセージに寄与するような作用効果——つまり、査読者が期待しているような知見——が位置していて、もう一方の側には、有象無象の作用効果が位置しているということだ。そうした有象無象の知見のうちには、それぞれ独自に十分興味深く、別の論文であれば中核的な知見ともなりうるようなものもあるはずだが、そうした知見は、いま書いている議論を前に進めるわけではない。

　研究で用いた変数のすべてと、その変数について考えうる分析のすべてを論文に漏れなく盛り込むというのは、明らかに悪手だろう。文章というのは、関連の薄い事柄を加えると混乱をきたす。読者というのは、シンプルな会話的ロジックに沿って読んでいる。仮に雑多な知見についての段落が1つか2つでも挟まっていたとすると、読者というのは、執筆者がそれらも重要だと言っていると思い込んでしまうわけだ。でも読者は、なぜそれらが重要なのかを理解できないので、混乱をきたしてしまう。混乱してしまったことを、読者が「自分の理解力不足のせい」と受け止める場合も、「執筆者が自分が伝えたいことのキーポイントを把握していないせい」と受け止め

る場合もあるだろう。どちらも好ましいとはいえない。

　分析内容のいくつかについて、「結果」で展開中の議論にとっては周辺的だが、論文で触れておくに値する内容だと考える場合には――つまり、「読者の一部は読みたいはずだ」と思ったり、要するに「書かずにはいられない」というような場合には――、以下の2つの方法を検討してみよう。1つ目は、その段落の内容が周辺的であることを読者に対してあらかじめ指摘しておくやり方だ。そうすれば、論文のメインの議論との関連性について判断しやすくなる。当該部分を、「《メインのアイデア》が研究の中心であったが、《二次的なアイデア》についても、興味深い二次的な作用効果が見られた」といったかたちで書き始めるのもよいだろう。2つ目は、その追加的内容を、「結果」のセクションのきっちりした流れを遮らないような場所に書いておく方法だ。予備的な分析や二次的な分析について述べた段落の置き場としては、脚注がうってつけだろう。

「結果」と「考察」をまとめるという手法

　学術雑誌を旅してまわっていると、「結果と考察」のセクションなる妙な生き物に出会ったことがあるはずだ。これは、いったい何なのだろう？　家に連れ帰った方がよいのだろうか？　このセクションが、「結果」と「考察」を1つのセクションにまとめることで、得られた知見を「序論」で展開した発想に照らして提示・解釈するセクションであることは明らかだ。こうした手法は、以下の2つのような状況では、よい選択だと思う。まず、文章の量の少ない短報やコメントなどでは、知見の提示と考察を同じ場所で行えれば文章量を節約できる。また、複数の研究を1つの論文で扱うような場合なら、各研究の「結果」と研究を振り返る「考察」を1つにまとめることで、次の研究へと話題をスムーズに転換できる。「結果」と「考

察」をまとめる形式は必要に応じて使えばよい。この形式が査読者やエディターから要求されることはまずないだろうが、短い論文の場合には、こうした形式も効果がある。

研究が部分的にしかうまくいかなかったケース

　査読者はエアブラシで修正したような完璧な状態を好むわけだが、たいがいの場合、論文には、そばかすや傷痕がいくつかある。そうした完全にうまくいったとはいえない研究の「結果」は、どうやって書き上げればよいのだろう。まず考えるべきは、問題の欠陥が致命的なものかどうか、そして、書かねばならない文章がたくさんあるなかで、その論文に時間をかけるだけの意味があるかどうかだろう。効果なしや擬似効果も、文脈によっては説得力があって、死んだ鮭をスキャンして、fMRIを用いると偽陽性の結果が出ることを示した研究もある（Bennett, Baird, Miller, & Wolford, 2010）。しかし、すべての研究に論文にする価値があるわけではない。死んでいるだけの魚もいるということだ。

　とはいえ、たいていの場合、欠陥は小さく、傷痕は目立たない。ただ、矛盾があったり、予想外であったりする知見について論文を書こうという場合、トップジャーナルへの掲載は望めないことは承知しておくこと。トップジャーナルは、彼らがベストだと思う論文しか選ばないから、できそこないの論文は選ばれないだろう。それでも、よい雑誌に載る可能性はある。ともかく写実に徹し、原稿を書くときには、自分が行ったこと、見つけたことに関してオープンであること。査読者というのは、矛盾する知見に関しては、すさまじい予知能力を持っている。論文の初心者は、気づかれずに済むことを期待して、欠陥をごまかそうとしがちだが、査読者というのは必ず気づくもので、その場合、隠蔽しようとしたことを厳しくとが

められる。自ら苦痛を求めて問題点を詳述する必要はないが、ありのまま書いておこう。

しかし、どこかの時点で終止符が打たれる可能性はある。もし、その不完全論文が、諸大陸のほとんどの雑誌に不採用とされた場合、執筆者が思っていたより欠陥が大きかったということだ。研究によっては、欠陥はあっても、教育的な意味、つまり読者が何か価値のあることを学べるという理由で雑誌掲載価値がある場合はある。でも、そういうケース以外は単に欠陥品だ。そうした論文を読んでも読者は混乱するだけで、つまり、論文が世界から知を搾取したということになる。思い出してほしい。僕らの目的は、インパクトがある論文を書くことだったはずだ。単に雑誌に載ればよいということではない。もし、論文を発表するのが、自分が研究に費やした費用を回収するためで、何か価値のある事柄を同輩に提供するためというのでないのなら、たぶん、そのデータは潔くあきらめるべきだ。

まとめ

研究者の大半は、「結果」のセクションが数字を並べて見せる場所だと考えている。たしかに、それはそうなのだが、数字を無造作に扱うと p 値や ANOVA が、アナーキーな反乱を起こしてしまう。「結果」のセクションは、それ以外のセクションより量に関する情報が多くて当然だが、同時に少なくても当然だ。つまり、図表にはもっとずっと多くの、そして地の文にはもっとずっと少ない量的情報が盛り込まれていてしかるべきだ。数字を図表に流し込み、なおかつ言葉で包み込んで文脈に位置づけながら説明することで、「結果」のセクションは、スリムで、しかもそこだけ読んでも意味がわかるようになる。

第7章 「考察」を書く

　すばらしいものにはすべて終わりがあるが、退屈きわまりないものは延々と続く。論文は、すばらしかろうが、退屈だろうが、どこかで終わらなければならず、その最後の停留所、鉄道なら最後の駅が「考察」だ。読者も査読者も、すでに十分情報を得て研究についての見解を形成したうえで、この「考察」を読み始めるわけで、このまとめのセクションで読者の考えが変わることはほとんどない。それでも、執筆者としてのプライドなのか、職業人としての完璧主義なのかはともかく、僕らは、なるべくきちんとした文章を追求するし、月並みな「考察」ではなく、大いなる「考察」を書きたいのである。

　たいていの論文は、ハイスクールでの異性との交友関係同様、ぎこちなく終わる。そこで、本章では、説得力のある「考察」を書く戦略について考える。論文の最後のセクションである以上、「考察」は、メッセージを揺るぎないものとして伝え、執筆者の力量を確実に印象づける最後のチャンスとなる。しっかり書かれた「考察」は、研究を完結させ、他の研究との興味深いつながりや示唆に富んでおり、時間をかけて論文を最後まで読んでくれた勇敢な読者をねぎらうものとなるはずだ。

第7章 「考察」を書く

7-1 よい「考察」とは

　「序論」、「方法」、「結果」の各セクションの目標は自明だろう。発想を売り込み、何をしたのかを説明し、何を見い出し、それが何を意味するかについて明らかにするのが、こうしたセクションだ。でも、「考察」は何をする場で、何を達成すれば「よい考察」だと言えるのだろう。「考察」には2つの目標——崇高なる目標とそうでもない目標——がある。崇高なる目標の方は、論文の研究を、現在進行中の各種の理論、議論、問題などときっちりつなぐことだ。その意味で、「考察」では、何かについてそれ自体を議論すべきではないし、僕らがすべきなのは、複数の発想をまとめ、つながりをつけ、橋をかけることの方だ。研究で見い出した内容を、その分野で重要な問題ときちんと関連づけることで、研究の意義が浮かび上がってくる。

　崇高ならざる目標の方は、他のセクションには収まりきらなかった重要事項を収納することだろう。最近の「考察」は、収蔵庫、つまりみっともなくて家には置いておけないような家具の置き場になっている。「考察」が、査読者の批判に答え、部分的にしか再現されなかったり予想が裏付けられなかったりした事項と格闘し、査読者が知りたいであろう（自分にとっては退屈でしかない）事柄について論じ、研究の限界について考える場になっているということだ。たしかに、こうしたガラス繊維製のランプシェードやパーティクルボード製の本棚もどこかに収めないわけにはいかない。

　よい「考察」には、例外なく2つの特徴がある。1つ目。よい「考察」では、一般論に流れることなく、その論文に直接関わる事柄が具体的に論じられている。ひるがえって現状はというと、別の論文にもとづいて議論しているかのような「考察」が多すぎる。研究の

147

限界について論じているのに、その研究ではなく、広く研究一般にあてはまるような事柄を論じていたり、研究の意義について論じているのに、その研究について具体的に論じるのではなく、同様の何十もの研究にあてはまるような曖昧で総論的な意義について言及していたりといった具合だ。「考察」に総論的な事柄を書いても、焦点がぼけて退屈になるだけだろう。

　2つ目。よい「考察」では、研究の弱点ではなく、強さが際立つ。どんな研究にも弱みがあるのは間違いないが、「考察」には、嘆き節が延々と続くようなものまであって、そういう「考察」の場合、さほど重要でもない欠点についてくだくだと説明していて、まるで査読者から受けるであろう批判に怖気づいてでもいるようだ。もし、自分の研究に深刻な欠陥があると思うなら、そもそも研究を発表したりなどすべきではない。そうでない場合も、（「この研究を行いたい」、「この研究を仲間と分かち合いたい」と思うようになった理由をはっきりと述べつつも）、得られた知見については率直であるべきだ。論文は、読者が、その研究が重要だと感じ、その分野の懸案事項をめぐってその論文に何らかの意義があると感じながら読み終えられるようになっていてしかるべきである。だとすれば、「お持ち帰り」用の建設的なメッセージ——読者に理解してもらいたい発想——が、長々と続く言い訳に埋没してしまうのはまずい。

　「考察」には、暗黙のテンプレートがある。APAスタイルに、どの要素がどの順番で書かれるべきだと明記されているわけではないが、論文で多用される構成というのは、社会的規範としてできあがってきたものだ。社会的規範の無視というのは、1980年代のハイスクール・ムービー風にいえば「1人だけレッグウォーマーをはいていない」ようなものかもしれないし、陶片追放で追い出されかねない。こうした規範は無視せず、大勢にしたがっておこう。これまで論文を読んできた過程でも、テンプレートの存在に気づいているだろうが、

資料7.1 に各種要素を示しておく。こうしたテンプレートは十分シンプルに感じられるかもしれない。でも、僕らは、執筆は戦略的に進めると決めているわけで、そのアプローチからすれば、テンプレートはもっとシンプルでもよいのかもしれない。ともあれ、まず各部分について簡単に説明しておく。その後で、どうすれば、後世まで残る「考察」、それが無理でも十数年はもつ「考察」を書けるのかについて考えよう。

資料 7.1　「考察」用テンプレート

必須の要素

- **要約**：最初の1〜3段落で、序論で述べた刺激的な発想の数々を振り返り、得られた知見をまとめる。
- **関連づけ**：そうした発想や知見を、目下進行中の重要な問題と関連づける。
- **解決**：厄介な知見や予想外の結果にきちんと向き合い、なるべくきちんとしたかたちで対処する。

任意の要素

- **限界**：研究の意義を強調しつつ、方法についての限界を簡単に述べる。
- **今後の方向性**：研究で得られた知見によって示された研究の方向性を、1つか2つザックリ書いておく。
- **実践上の意義**：どうすれば、研究で得られた知見を、現場で研究をしている人たちが利用できるかについて説明する。
- **総まとめ**：プロジェクトの中心をなす発想や知見を、手短にまとめて、1段落で書く。

「考察」は2つの部分から構成され、1つ目は、どの論文でも出てくる必須の要素が書かれた部分ということになる。「考察」は、要約部分から書き始め、ここでは、論文の刺激的な発想や主要知見を簡単にまとめる。この要約部分の後で、関連性をいくつか指摘し、この部分では、研究が他の発想にどのように関連していたり役立ったりするかについて2～4通りのアプローチで説明しておくのがよいだろう。「考察」では、必要に応じて、査読者のコメント、代替説明、奇妙な知見といった付随的な事項についても解決することになる。

　2つ目は、任意の要素の雑多な組み合わせということになる。全部の要素が載っている論文は少なく、いくつかが載っている論文が大半、1つも載っていない論文は少ないだろう。こうした任意の要素としては、研究の限界についての説明、今後の研究の方向性についての詳しい記載、応用研究や実践上の意義についての考察、論文の欠点についての1段落での強気なまとめなどが挙げられる。こうした要素は、投稿先の雑誌によって決まる。つまり、こうした事情からしても、論文を書く前に投稿先を決めておかねばならない（1章参照）。雑誌によっては、掲載論文のほぼ全部に、限界について述べたセクションがあり、このセクションなしで投稿するのは、おっちょこちょいか、わからず屋だけだったりする。一方、基礎科学系雑誌の多くでは、限界や実践上の意義について論じる方がまれかもしれない。投稿先に応じて執筆し、大勢にしたがっておくこと。

第7章 「考察」を書く

7-2 必須の要素

要約

　「考察」は、要約部分から始まる。この要約部分では、論文の目標や論文を貫く発想について再度紹介する。方法や統計データの嵐を通過してきた読者は、この要約部分で、そうしたあれこれが持つ意味や意義を思い出せるというわけだ。優れた要約部分は、芸術作品そのもので、1〜3段落で、論文の刺激的な発想がまとめられ、中核的な知見が説明され、「序論」での約束が「結果」でいかに果たされたかが示される。きちんと書かれた要約部分は、それだけで、論文全体のスナップショットのようなものだ。それだけ単独で読んでも、研究の全体像を把握できる。資料7.2に、最近の論文から、要約部分を2例示す。どちらも、書き始めは包括的で、論文のオープニングである序論冒頭部分（4章参照）にも似た感じだったのが、後半、流れが個々の知見へと絞られてくる。長めの要旨（アブストラクト）同様、これらの要約部分は、そこだけでも十分読めるようになっていて、論文を未読で「方法」や「結果」について何一つ知らないというのに、思わず研究プロジェクトに納得できてしまう。

資料 7.2　要約2例

◆ 要約部分の第一段落：Ladinig & Schellenberg（2012）

　人によって、どんな種類の音楽を聴くかは違う。この点に鑑み、その違いが、音楽が各人にどのように経験されるかという個人差に関連しているのかどうかを検討した。1つの可能性は、聴き手というの

は、総じて、ある種の気分（例：幸せな気分）になれる音楽を好む傾向がある（ただし、この点でもっとも効果的な音楽が何なのかは聴き手によって異なる）というものである。もう1つの可能性は、ある特定の音楽をどのくらい好きかがどの情動反応によって決まるかについては、人によって異なるというものである。我々の結果では、両方の可能性についての裏付けが得られた。（150-151ページ）

◆ **要約部分の第一段落：DeWallら（2011）**

　排他的恋愛関係にある人々のパートナーは、定義にもとづくなら1人ということになる。しかし、パートナー以外の相手と関係を有する状態は、至るところに見られる。恋愛関係にある人々は、そうした状態にまったくといってよいほど関心を示さず、むしろそうした状態をけなすことが多い（Johnson & Rusbult, 1989）。そうして抗うのは、自分のパートナーに対する心理的な責任があればこそだろう。したがって、回避的な愛着スタイルの傾向があって親密で責任ある人間関係を心地よく思わぬ人々は、パートナー以外の相手に興味を示し、背信行為に至る可能性が特段に高いはずである（1313ページ）。

　要約部分なんて面倒だと思われるかもしれない。「読者が序論を読んだのは、ほんの数ページ前のことなのだから、序論の内容は覚えているはずだ。すぐにでも、自分の研究の限界について、心の内をぶちまけて説明したい」ということなのだろう。でも、それは無理というものだ。読者は「序論」のことなど覚えていない。要約部分を省こうというのは愚の骨頂だと思う。読者は、「方法」と「結果」のセクションで細かい方法論や統計学的あれこれと格闘せざるをえなかったわけで、どうしても近視眼的になっている。「結果」をようやく読み終え、戸惑い、日の光がまばゆく感じられるような心持ち

でいる読者を、再度研究目的に誘導し、そもそもなぜ細かい方法論や統計学と格闘せざるをえなかったのかを思い起こせるようにするのは、執筆者の役目だろう。

関連づけ

　要約部分を書き終えたら、次に、自分の研究を、他の重要な理論、知見、問題などと関連づけておく必要がある。研究が影響を持つのは、研究仲間が気にしている問題についてのヒントが何か含まれている場合だろう。研究の意義については、読者自身が判断すればよさそうなものだが、たいていの読者には荷が重い。論文を書いた本人以上に研究のことをわかっている人はいないわけで、読者も、執筆者の口から研究の意義が語られることを望んでいる。

　関連のある問題は、論文の長さや投稿先の規定に応じて2〜4つくらい選べばよい。何も、陰謀論者が新聞の切り抜き多数を画鋲で壁にとめて紐でつなぐときのような複雑な網の目をこしらえる必要はない。いくつか、他の研究者にとっても気になるであろう重要な事柄を拾っておけば十分だろう。何を書けばよいのか自信がないようなら、自分の研究を、少し抽象的な目で見てみてはどうだろう。テーマとなるような意義が、そんなに数多くあるわけではない。 資料7.3 に主要なテーマをまとめてある。リストをたどることで、何かアイデアが浮かぶかもしれない。研究というのは、読者の考えを変え、新たな確信をもたらしてしかるべき存在だ。論文を読み終えた読者に、何を信じてもらいたいだろうか？

　「考察」でも見出しを使うと、まとまりがよい。関連性について述べる前は、見出しをつけた方がよい箇所だろう。1つの見出しで全部をカバーするもよし、個々の関連事項に見出しをつけるもよし。どちらがよいのか、試してみよう。

資料 7.3 研究の意義さまざま

包括的に見ると、研究には以下の点で意義がある可能性がある。

- **理論**：得られた知見は、当該分野の主要な理論に対して何を意味しているだろうか？
- **物事が作用する状態**：論文によって、プロセス、動態、メカニズムなどについて僕らが理解している事柄に何か変化が生じるか？
- **物事が起こる理由や時期**：何かが起きるタイミングを少しでも予測しやすくなっただろうか？　その原因が少しでも見えてきただろうか？
- **物事の実体**：現象や構成概念をめぐる感覚に何か変化が生じたか？ 従来より「シンプル・複雑」に見えるようになったり、何か別のものに「似てきたり・こなかったり」したか？
- **研究の進め方**：研究の結果として、テスト、研究、評価、操作、参加者の募集などを、従来と違うかたちで実施する必要が生じたか？
- **他の刊行論文の主張**：他の研究者による興味深い結論を裏付けるようなことが何かあるか？
- **ありがたくも恐ろしげなリアル世界で生起する物事**：得られた知見に、社会正義、保健衛生、教育や学習、法体系、社会関係など、僕らが日常的に直面する物事にとって、何か鋭い示唆はないだろうか？

解決

研究プロジェクトには、たいがい「にきび」や「あざ」があるものだ。何もかもが、望んだとおりに運ぶわけではない以上、これはしかたがない。研究に「ほくろ」があるのも、ある意味当然だと言

える。確率論や検定力分析のせいで、どんな無垢な研究であっても、少し怪しげに見えたりもするからだ（Schimmack, 2012）。でも、「にきび」であれ、「あざ」であれ、「ほくろ」であれ、読者に見てもらわなければならない。必須部分の最後では、対処が必要とされる厄介な問題に向き合い、解決しておこう。この作業を行う場所として一番自然なのは、関連づけについて述べた後だろう。でもこの場所が絶対という決まりがあるわけではない。

　では、どんな問題を解決せねばならないのだろう。ざっくり言うと、2種ある。1つ目は、研究の過程で予想に反するかたちで生じた問題である。得られた結果の一部が、当初の予想、研究で得られた他の知見、文献的には定説となっている知見などと矛盾している場合があるということだ。こうした不本意な結果が生じてしまうケースの一部は方法論的なもので、確実なはずの手法に不手際があったり、目標どおりのサンプル数を集められなかったり、操作をしくじったりという具合に測定項目や手順の一部がうまくいかなかった場合ということになる。2つ目は、査読者が問題を提起するケースで、本当に問題なのか、単なる意見の相違なのかは別として、解決しておくことは必要だろう。こうしたケースはいくらでもある。

　人間も他の動物と同じで、トラブルに遭遇したら群れという安全地帯に逃げ込めばよい。たいていの問題は、同様の問題に遭遇した論文を指摘することで対処できる。当然期待される効果が得られなかったり、周知の方法や処置で派手に失敗したりしたケースは、他にもあるはずだ。場合によっては、今後の研究に言及するのもよいだろう。目下の問題を解決するうえで必要となるような研究について概略を示せばよいわけだ。

　問題の存在に気づいているなら、自分から論じるべきだ。査読者に、その問題も取り上げるよう促されたりしないようにしよう。これまでも述べてきたように、論文では、ごまかしはきかない。賢明

で博識な読者を説得するには、率直さと根拠で勝負するしかない。ベッドの下に「欠点」を隠してどうにかなることなどありえない。つまり、ベッドの下には、ダニやぬいぐるみのペンギンと一緒に査読者が2、3人住んでいるということだ。さほどの問題ではない理由について、他の研究も援用しながら主張するのがよいだろう。とはいえ、長々と釈明しないこと。読者は、文章の長さを尺度として重要性を判断している。「考察」の大半を論文の欠点や短所の嘆き節に費やしたりすれば、誤ったメッセージが読者に送られてしまう。

7-3 厄介な任意の要素

限界

　「考察」でもっとも邪悪な部分が、限界について述べる部分だろう。このセクションがどのくらい必須かといえば、せいぜい蝶ネクタイとエナメルシューズ程度なのだが、たいていの執筆者は、自分

第 7 章 「考察」を書く

が書く論文のすべてで、この点について触れておかねばならないと感じているようだ。投稿先の掲載論文の大半にこうしたセクションがあったり、論文が CONSORT スタンダードのようなガイドラインを遵守せねばならなかったりするようなら、このセクションは必要だろう。でも、そうでないなら、書かないことも考えてみよう。

限界について論じることの何が、そんなにまずいのだろう？ 1つの問題は、実際の問題の有無に関わりなく機械的に限界について論じるというのは、特定の事柄を具体的に扱うという理想に抵触するというのが僕の見解だ。限界とされる事柄の大半は一般的なもので、その分野の論文の大半にあてはまる。例を挙げてみよう。認知心理学や社会心理学の論文では、たいていの場合、実験参加者として大学に通う青年が駆り出され、この点が限界として取り上げられることが多い。このことに問題があるのかないのかはともかく、ある科学分野で共通に見られるような「限界」は、いちいち指摘する価値はないのではないだろうか。自己報告の測定項目を用いたり、横断的な研究デザインを使用したりすることについても同様で、心理学という科学の世界は、こうした事柄の長所と短所を心得ている。
資料7.4 に、限界のセクションでよく見かける、包括的で情報価値のない例を書いてみた。こうした事例は、実際の論文でも山ほど見かけるはずだ。

しかし、「限界」についての段落を機械的に書いてしまうことの最大の問題は、一流の雑誌に載るような論文には、そもそも限界などないことではないだろうか。研究者は、太陽の光が届く世界中のありとあらゆる存在について測定し、調べ、サンプリングすることこそなかったが、自ら実施した事柄については、十全なかたちで実施したのである。どんなプロジェクトであっても、取り扱う対象となる範囲も、強調するポイントもあるわけで、ジョージ・ケリー（1955）が「便宜的焦点」と呼んだとおりだ。焦点を絞り、その一点をきち

んと実施し、むやみに広げないことは「限界」ではない。長い年月をかけ、多くの人員を用い、NIH（国立衛生研究所）からの多額の助成金を費やして実施した複雑で困難な研究プロジェクトについて説明した後で、ボソボソと限界について説明し始めるような論文を膨大な数読んできたが、どうにも合点がいかないし、なんとも悲しい。

　僕の態度が、少数派なのは認めよう。たいていの研究者は、包括的な限界のいくつかを機械的に書いておくことに抵抗がないようだし、自らを卑下する儀式に喜んで参加しているようでもある。でも、論文を書くたびに研究の限界を披露するというのは、自らも携わっている科学という存在をどう見なすかという点で、間違ったメッセージを発していることになるのではないだろうか。科学は、常識と無知によって定義されるゼロ地点を越えさせてくれるもののはずだ（Atkinson, 1964）。もし、有りうるすべての下位グループに対して可能な事柄すべてを測定できなかったことが限界なのだとすれば、僕らは、研究を、「無知の領域から、いかにうまく抜け出せたか」ではなく、「完璧なる知に、どれくらい足りなかったか」によって評価していることになる。1つ目のアプローチは知を創造しようとするものであるのに対し、2つ目のアプローチは不確実性を避けようとするものだといえる。不確実性を避けるというのは、科学としては、恥ずべき目標だろう。大半の研究は、僕らの知識を前に進めてくれる。研究以前と比べれば無知ではなくなるということだ。だが、知りたいと望むすべてを明らかにしてくれる研究などない。科学は、闇の世界を照らすろうそくの光であり（Sagan, 1995）、ろうそくには、明るいろうそくも、さほど明るくないろうそくもあるかもしれないが、自分の前何メートルかしか見えないことを恥じるいわれはない。

第7章 「考察」を書く

資料 7.4 どこもかしこも限界だらけ

いつか読んでみたい限界についての記述例（架空の例）を挙げておく。まことにもって、ごもっともである。

> 本研究には、注意しておいた方がよい限界がいくつかある。第一に、サンプルは、米国在住の人々に限定されている。他のグループであれば、検討する構成概念の本質や過程が異なってくる可能性はあるため、得られた知見を一般化する際には注意が必要だろう。第二に、研究では、測定項目として、自己報告、ピアの報告、心理生理学、機能的磁気共鳴画像法（fMRI）のみを用いた。精神免疫学、睡眠ポリグラフ検査をはじめとする他の領域の測定項目を用いることもできるだろうし、経験サンプリング法を用いれば、もっと別の効果が得られるだろう。第三に、本研究は横断的なものであり、因果関係を示すことはできない。したがって、縦断的研究が必要である。縦断的研究の大半も因果関係自体を示すことはできないわけだが、我々の研究が分野ゆえに横断的なものである以上、この点に触れておくべきと承知している。
>
> 最後に、本仮説に興味をもたれた読者におかれては、もし別の研究者が別の時期に別のサンプルや別の測定項目を用いて地球上の別の地域で行ったとすれば、研究の結果はもっと別のものとなった可能性もあることに留意されたい。異なることに対しては畏怖し、同じであることに対しては安堵するのが常であることに鑑み、我々の研究のフォローアップに際しては注意が肝要である。実際、理論天体物理学は、パラレルな宇宙が無数に存在することを示唆しており、それらすべての宇宙において、本研究で得られた知見が統計的に有意ではない可能性もある。こうしたパラレルな宇宙

からの結果が戻ってくるまでは、本研究の結果は、相当程度慎重に読まれるべきである。

　以上をふまえてではあるが、雑誌の規範、エディターの要請、実際の問題などの事情で、限界についてのセクションを設けなければならないことも多い。こうした場合、どうすればよい「限界」が書けるのだろう。第一に、研究の過程で特段に厄介な事態が生じたというのでない限り、なるべく短く書こう。心配性の査読者の意識過剰状態を和らげるだけなら1段落でお釣りが来る。第二に、関連のある事柄だけに絞ろう。その研究にとって差し迫った問題でない限り、研究分野一般に関わるような事象は省くこと。第三に、研究の強みが際立つようにすること。限界というのは、うしろめたさが前に出てはいるものの、要するに今後の方向性の話だとも言える。研究では、何もかもすべては実施できなかったにせよ、一部はきちんと実施したわけで、限界についてのセクションで、この点を読者に対して確認することもできる。たとえば、必要に応じて、研究の出発点が賢明なものであって、今後自信をもって新たなサンプル、領域、文脈などに拡張していってよいことを指摘してもよい。とりあえず家で書いてみること。限界について述べるセクションで研究の長所をさりげなく伝えられるようなら、インパクトのある論文を書く技術を身につけたといえるだろう。

今後の方向性

　「今後の方向性」は、人を惑わせるセイレーンやローレライの美声のようなものかもしれない。投稿先の雑誌に指定されていないなら、このセクションは省くべきだ。論文の「考察」は、研究の説得

力を強調すべき場であって、自分のみすぼらしい研究を、実施可能性が限りなくゼロに近い魅惑的な研究と比較するというのは最悪の選択肢だろう。まぼろしの研究が持つ魔力に魅せられた査読者は、「その研究を実施し、その結果を修正稿に含めよ」と書きかねない。この悲しい物語が展開するのを、僕はエディターや査読者として繰り返し見てきた。

今後の方向性について説明するタイミングや場所はもっと別にあるだろう。もし、研究の意義として、何か魅力的な問題が新たに開拓された側面があるなら、今後の方向性のいくつかを、関連性についてのセクションでざっくり説明しておくこともできる。フォローアップ研究について他の研究者に対して説明しておくことは、論文のインパクト上昇につながる。面倒な問題や辛辣な査読者と対処せねばならない場合は、解決についてのセクションで、解決につながる研究について記載しておくべきだろう。いずれにしても、自分の研究を先導してくれた研究を念頭に置くのがよい。論文では、説得力が肝要だ。今後の研究について記載することは、問題を修復するだけでなく、説得力を増強することにもつながる。

実践上の意義

論文によっては、「実践上の意義」について述べたセクションを設けて、研究が実践場面——教育、学習、保健衛生、社会正義など研究を利用できるかもしれない場面——で、どのような意味を持つのかについて説明しなければならないこともある（こうしたことについて書かれた書籍はあまりない）。多くの論文では、こうしたセクションを設けるべきではないし、設ける必要もない。科学研究には、基礎研究も応用研究もあるということだ。

実践上の意義について論じるには、それなりの手際が必要になる。

実践上の意義が研究にとって根本的な事項なら、――セラピストを訓練したり、ネイティブ・スピーカー以外に慣用句を教えたり、新婚カップルの体重増加を減らす方法について研究したような場合が該当するだろうか、――このセクションは要約部分の後ろに持ってくるべきだろう。重大な発想や重大な意義は、最初に持ってきた方がよいのだから、実践上の意義については、関連性のセクションで述べるのが実質的だろう。論文のインパクトは、研究内容が効果的で試してみる価値があると信じてくれる読者がどのくらいいるかで決まる。しっかり売り込もう。

　しかし、実践上の意義について述べるセクションを省いた方が説得力が増す場合も多い。思い起こしてみてほしい。よい「考察」は、その研究に特化したもの、つまり、その研究独自のものだったはずだ。このセクションが、どこかから拾ってきたような内容で、何十もの論文に当てはまり、いざ利用しようとすると一般的すぎて役に立たないような場合、論文はダラダラとした締まりのないものになってしまう。読者は読む気をなくし、執筆者は信用を落とすということだ。基礎臨床心理学の論文で、治療に役立つかもしれない可能性が触れられていたり、基礎認知心理学の論文で、教育や学習上の意義が推察されていたり、基礎発達心理学の論文で、むりやり幼児教育の意義が述べられていても、読者はまたかと思うだけだ。こうした記載は、重要な意義を台無しにし、「考察」の勢いをそいでしまう。

　何か特別なことや、気の利いたことを書こうというのでないなら、何も書かないこと。研究には基礎研究もあって、この場合、実践上の意義というのは、仮にあったとしても、はるか彼方の話だ。道で言えば、舗装道路が砂利道になって、牛が道を歩き始めるようなあたりの話だろう。基礎科学系の雑誌では、査読者やエディターが、実践上の意義のセクションがないというだけの理由で論文を不採用

第 7 章 「考察」を書く

にしたりはしない。このセクションを省いても、リスクはないということだ。

総まとめ

映画のエンド・ロール同様、「総まとめ」は、読者にドラマの終わりを告げ、一呼吸入れて気持ちを落ち着かせてから現実に再度足を踏み入れるよう促す存在だ。この部分は、たいてい1段落で、「結論（Conclusion）」、「まとめと結論（Summary and Conclusion）」、「結論（Concluding Thoughts）」といった見出しがついていることが多い。この総まとめは、猫を飼うことの是非や、ソーラーパネルや、古代食に話が及んだとき同様、賛否両論の渦を巻き起こす。このセクションを絶対書かない人もいれば、必ず書いて、自分がエディターや査読者になろうものなら「書かない」派を摘発してまわって無理やり書かせる人もいる。「中途半端なら書かない方がまし」派の僕の方針は臨機応変、つまり、論文が長いときや、エディターか査読者が入れろと言ってきたときや、うまい終わり方を考えついたときには入れるというものだ。とはいえ、短い論文なら、文章を書き終えたところで踵を返して歩み去ればよいというのが僕の考えだ。

総まとめを書く場合には選択肢は2つある。基本的な選択肢は、プロジェクトのスナップ写真、つまり、ごく短い要約のようなものを書くというものだろう。この場合、研究の主要な発想、知見、意義などを1段落で書く。この段落も、要旨（アブストラクト）同様（8章参照）、研究のよいところについて言及するような肯定的な文で終えること。 資料7.5 に、直球版の総まとめの例として、実際の論文から拾ったものを挙げておく（Hoggard, Byrd, & Sellers, 2012）。終わり方に注目してみてほしい。Hoggardら（2012）は、この総まとめでよい仕事をしたと思う。徐々に包括的になっていき、締めくくり

で、執筆者の発想や研究で投げかけた問題が重要である理由が語られる。研究の重要性についても確認しつつ読者を送り出すのが、最後の段落なのだと思う。

贅沢な選択肢として、変化球版の総まとめ——つまり、新規な発想、意義、例などを紹介するスナップ写真のようなもの——を書くというのもありだろう。この変化球版の総まとめで狙うのは、読み終えるに際して、衝撃、あるいは少なくとも笑みが残るようにすることにある。論文によっては、序論冒頭部分（4章参照）によって開かれた窓を、論文の導入部分で用いた物語を再訪することによって閉じるものもある。他にも、論文を終えるにあたって、得られた知見を執筆者自身に適用してみせるもの、コミカルで読者をひきつける例を持ち出すもの、シンプルで気の利いた表現で締めくくるものなど、いろいろだ。

資料 7.5 さようならのごあいさつ：直球版と変化球版

直球版総まとめの例

◆ Hoggard, Byrd & Sellers（2012）から：

結論から言うと、アフリカ系アメリカ人の大学生は、他の状況特性も考慮した場合、人種ストレスのある事象と、人種ストレスのない事象を似たようなかたちで評価しているかもしれないが、それぞれの事象に対処する際の戦略はまったく違う。この知見からは、人種にもとづく対処モデルに何らかの有用性があることが示唆される（例：Scott, 2004; Utsey *et al.*, 2000）。アフリカ系アメリカ人大学生による人種ストレス事象への反応が、一般的なストレスに対処する枠組みと人種ストレスに特殊焦点化された枠組みのどちらによって最適なかたちで概念化されるのかは別として、そうした焦点化で「対処

（coping）」が生じることが前提とされていることは重要である。アフリカ系アメリカ人は、自らが経験する人種的ストレス因子や非人種的ストレス因子に関して従順な被害者ではない。それどころか、彼らは状況を緩和して事象の感情的帰結を操作するために積極的に努力する。努力を伴うこうした対処行動は、アフリカ系アメリカ人であるがゆえにストレスにさらされたり、状況にあらがいつつ生き延びていかなければならなかったりするがゆえに彼らが直面する健康、教育、法律面などでのリスクの増大について理解していくうえでの鍵なのかもしれない（337-338ページ）。

◆ **Greengross, Martin & Miller（2012）から：**

まとめると、本研究の結果では、プロのスタンドアップ・コメディアンが独特な職業グループであることが示された。すなわち、彼らは、あらゆるユーモアのスタイル、ユーモアの能力（マンガの見出しをつける卓越した能力によって反映される）、言葉の知性において、大学生より高得点であったのみならず、性格五因子とユーモアのスタイルとの相関パターンも異なっており、舞台上のペルソナとプライベートな人格との不一致も見られた。コメディアンの職業人としての成功を決するのは、自分の中から溢れ出す短期的なユーモアの生産能力だけではなく、好み、特徴、背景、ノリのよさなどが町ごとにすべて異なる聴衆に応じて効果的な行動を調整しつつ創造し洗練させる長期的スキル、献身、野心の有無も大切であるようだ。彼らの成功は、クラブのパトロンやオーナー、チケット手配係、他のコメディアンなどと協力し合う際に、親和的ユーモアと自虐的ユーモアをいかによどみなく戦略的に利用するかによっても決まるようだ。研究で得られた定量的な結果とは別に、スタンドアップ・コメディというビジネスが成功するうえで、いかに広範な性格特性、社会的スキル、知性が必要なのかという点にも、また、スタンドアップ・コメディアンという存在が、パーソナリティ、ユーモア、創造

性についてのさらなる研究対象となるグループとしていかに潜在的な豊饒性を有しているかという点にも、我々はおおいに感銘を受けた（80 ページ）。

変化球版総まとめの例
◆ Risen & Gilovich（2008）から：

本論に示した調査は、運命を誘惑するのは縁起が悪いという、運命の存在を否定する人々も含め広く流布している信念について報告するものである。ということで、人々が自分でも嘘だとわかっている事柄を信じている場合、いったい何が起こるのだろう？　彼らは、授業で指名されないように予習をし、雨に降られないように傘を持参し、はずれることのないよう宝くじの券を交換せずに持ち続け、願いが成就する前に人に自慢したり皮算用したりして願いが成就しなくなったりしないよう気づかう。そして、直感どおりに行動しない場合に、自分はどんな罰を受けることになるだろうかと思いをめぐらす。自分の行動や気苦労に根拠がないことがわかっているので、その間ずっと頭をふり、目を泳がせているのである（305 ページ）。

まとめ

さて、ようやく終わりまで来た。文章を書く作業はこれで終わりだ。余韻に浸りたければ、これまで書いてきたものを読み返すのもよいだろう。「序論」で発想をアナウンスし、「方法」と「結果」で何を実施して何を見い出したかについて説明し、「考察」では、伝えたい内容を再確認し、重要な諸問題との関連性を浮き彫りにしたわけだ。まとまった文章を書き終えたときに何を感じるかは、人によって随分と違うようだ。スキナーの言う「強化後の反応休止」に

入ってダラダラする人や、安堵して気分が浮き立つという人がいるかと思えば、まれにだが、塞ぎの虫に取り憑かれる人もいるようだ。でも、サンダル履きで無精ヒゲを生やすのは、まだ先のこと。きわめるべき奥義の数々——文献、表、図、タイトル、要旨（アブストラクト）——が残っている。まだまだ先は長く厳しい。暗黒の次章にご期待あれ。

第8章 奥義の数々：タイトルから脚注まで

　データをまとめる話をするときは、序論・方法・結果・考察といった「肉」の部分ばかりが念頭に置かれるようだ。それ以外は、文献という「脂身」も、図という「軟骨」も、要旨やタイトルという「腱」も、添え物ということなのだろうか。論文を「書き終える」とすべてが終わったような気がするかもしれない。でも、お楽しみはこれからだ。一番重要な部分が待っている。本書も終わりに近づいてきたことだし、本章を読まずに次の章に進みたいという気持ちもわかる。誰が、文献の栄光についてなど読みたいものか？　脚注について語るべき事柄などあるだろうか？　仮にあったとして、そもそも人類は、そんな危ない知識を持つべきなのだろうか。

　本章で扱う文献、図、表、脚注、タイトル、要旨といった部分には、「序論」ほどの魅力も、「結果」ほどの複雑さもないかもしれない。でも、これらの部分は、重要性というところでは他の部分に引けをとらない。論文では、すべての部分がインパクトに貢献している。タイトルや要旨は、読者をつかんで離さない。文献、図、表、脚注などは論文の信頼性を高め、論文の位置もそれらによって決まる。そして、論文の各部には、高邁な「序論」であろうが、控えめな脚注であろうが、執筆者のスキル、矜持、脅迫的なまでの完璧主義などが反映されるものだ。いざ、漕ぎ出でん。

第8章　奥義の数々：タイトルから脚注まで

8-1 文献（Reference）

　APAスタイルに準拠した文献の書き方や引用方法ができているかどうかを試されるというのは、心理学分野の暗い通過儀礼だろう。でも、それが、文献の書き方について真剣に考える最後の機会であることも多い。ちなみに、文献は、2つの主要な機能を担っているわけだが、おおかたの論文は、片方の機能しか実現できていない。身近な方の機能は、着想に寄与した文献を具体的に示すことで、執筆者が辿った知の道筋を読者が追体験できるようにすることだろう（Hyland, 2001）。ほとんどの論文は、こちらはよくできている。一方、文章展開という意味での機能は、研究を状況に位置づけ、自分が自身の発想をどのように見ているかを伝え、どんな読者層に自分の発想を届けようとしているのかを明らかにすることにある。

　この文章展開という意味での文献の機能は、あまり理解されていない。でも、この機能については、うまくいったケースと、いかなかったケースを比較すれば簡単に理解できるだろう。例として、抑うつ者の感情情報に対する記憶バイアスを扱った論文について考えてみよう。こうした論文は、さまざまな読者層にとって意味があるはずで、記憶、認知や情動、臨床倫理学などに関心のある研究者がまずは読者層になるだろうし、論文の投稿先もいくつもあるだろう。戦略的に好ましいのは、(a)投稿先の雑誌に掲載された論文を引用し、(b)その領域の最近3年間の論文が多数含まれるように引用を行い、(c)その領域の研究者が重要だと見なす論文や、その領域の研究者が執筆した論文も頻繁に引用しておくといったところだろう。文献は、どの雑誌に投稿するか——つまり、どういった読者層に向けて書くか——によっても相当程度変わってくるということだ。一方、戦略的にまずいのは、(a)投稿先の雑誌や、当該領域の研究を

引用せず、(b)古い論文ばかり引用し、(c)執筆者が偶然読んで引用したいと思ったエキセントリックな研究を引用するというやり方だろう（ 資料8.1 参照）。

> ## 資料 8.1 文献を記載する理由
>
> 文献を記載する理由を、いろいろ集めてみた。なんとも雑多で、なるほどというものも、下品なものも、楽しげなものもある。
>
> ◆ **お目当ての査読者を狙って、雲に種をまく**：これは当たっている。たいていのエディターは、査読者候補をリストアップするにあたって、論文の文献を参考にする。論文を斧でメチャクチャにすることのないような人の論文を引用しておくことで、雲に種をまくことができる。
> ◆ **特定の人々に論文を読んでもらう**：論文のインパクトには被引用回数が関わってくるので、研究者は、誰が自分の論文を引用してくれたかに関心がある。つまり、特定の人々に自分の研究に気づいてほしければ、その人たちの研究を引用しておくのがよい——そうすれば、ひょっとすると気づいてもらえるかもしれない。こうした努力はむなしく感じられるかもしれない。でも、自分の分野で何が起きているかを把握しておきたいなら、誰がどの論文を引用しているかを見ておくのが一番簡単なわけで、引用されているのが自分の論文ということもあるわけだ。
> ◆ **掲載誌のインパクトファクターを上げる**：年間掲載論文数の少ない雑誌の場合、最近何年かの論文が年に10回程度余計に引用されるだけで、雑誌のインパクトファクターが明瞭に上がるはずだ。インパクトファクターは（研究者や研究部門の評価に際して重要視されすぎだと思う）、自分たちの論文が掲載された雑誌を過度に引用して、実

第 8 章　奥義の数々：タイトルから脚注まで

際より影響力が大きいように偽装することで操作可能ということだ。
- **かけた手間暇を回収する**：分厚い書籍や中身のつまった論文を読んできて、疲れたかもしれないが、誇りにも思っているだろう。読む作業に投下した苦労を思えば、ここはもう引用するしかないというわけだ。
- **無名の雑誌にも「ごあいさつ」する**：雑誌には、こんな名称の雑誌が本当にあるのかと思わず疑うようなものもある。大学院生が酒を飲みながら知的ゲームを繰り広げたら予期せぬすてきな名前ができてしまったとでもいうような名称の雑誌のことだ。もちろんそんなことはなく、単に雑誌が無名なだけである。僕らには子どもっぽい部分もあるから、そういう雑誌にはどうしても「ごあいさつ」したくなる。文献には、イースターのときに子どもたちが庭に隠した卵を探すような側面もあって、そういうことに気づいてくれる読者もいる。

「誰がそんな間違いをするものか」と冷笑する人も多そうだ。でも、エディターや査読者は、そういうケースを四六時中目にしている。最近 3 年間の論文がただの 1 本も引用されていない投稿論文を目にするのも日常茶飯事だ。新鮮みの感じられない文献リストを見ると、査読者は、「この論文は、あちこちでもう何年も門前払いされてきたうえに、いくら不採用になっても、ほとんど修正されてこなかったのだろう」と疑う。もっともな話だ。一方、当該領域の論文をあまり引用しない論文というのも驚くほど多い。僕は、クリエイティビティ関連の雑誌に投稿された論文の査読をよく頼まれるのだが、関連雑誌に投稿された論文が 1 本も引用されていないことも多い。そうした論文では、クリエイティビティとも関連の深い認知系、教育系、ビジネス系などの雑誌に掲載された論文が引用されて

いるのに、クリエイティビティ関連の研究者が読者層の中心を占めるような雑誌に掲載された研究が無視されているのだ。これではうまくいくはずがない。査読者やエディターは、自分が軽んじられたように感じるし、執筆者が道場破りのように見えてしまう。

文献は、単にリストとして並べるのではなく、監修が必要だ。引用しうる文献は多数あるだろうが、論文の内容を裏付け、しかも説得力のあるものを引用しよう。でも、それだけでは不十分だ。それだけでも、著者が発想を展開させた道筋まではなんとか伝わるだろうけれども、研究が読者の関心事とつながっていることをそれとなくアピールすることはできないわけで、上述したように、これでは戦略的にまずい。それどころか、研究を知ってもらいたい相手の研究を十分読んでいないことがばれてしまう。たいていの研究は、複数の読者層に向けて発信することができるし、論文中でどんな論文について論じ、どんな論文を引用するかという部分はそうした発信の手段となる。投稿先の雑誌を執筆前に選んでおければ（1章参照）、自分の研究をどうやって表現するかについて前もって考えることができるし、前もって計画を立てる思慮深い執筆者であれば、こうした配慮は朝飯前だろう。

最後に、こんなことまで書きたくはないのだが、読んでいない文献を引用しないこと。その論文が何を実施し何を見い出したのかについてしっかり概要が述べられないなら、その文献をきっちり読んだとは言えない。研究者としてのプライドや自尊心についての議論はさておき、自分が読んだものだけを引用しておけば、査読者を激怒させることは避けられる。エディターというのは、文献を見ながら、査読者の一部を選ぶものだ。つまり、読まないまま引用してしまった論文の著者が査読者になる可能性はかなり高い。こうした査読者は、遺体捜索犬並みのきまじめな粘り強さで引用者の無知を嗅ぎ分けるものだ。僕らの金言を覚えておこう。「人はだませない。特

に、読んでもいないのに読んだふりをしている論文の著者をだますことなど、まず絶対に不可能だ」。

多すぎることはあるか

　「文献は、いくつ書いておけばいいですか」と学部学生に尋ねられるたびに、僕は若さゆえの悩みを微笑ましく思ったりする。文献の数というのは、年をとるごとに胴まわりと一緒に膨れるわけで、もはや健康だとはいえないところまで「肥満」しきった文献を記載したことのある研究者も多いはずだ。もうだいぶ前になるが、Reis & Stiller（1992）が、ある著名雑誌を調べて、ここ何十年かで文献数が3倍に増えたことを示したことがある。その後、Adair & Vohra（2003）がさらに雑誌数を増やして調べ、文献が増え続ける傾向に警鐘を鳴らした。古い論文の文献リストが貧相に見えたり、その一部が禁欲的にすら見えたりすることは、もはや誰にも否めないだろう。そして、その頂点に燦然と輝くのが、才気溢れる発想の数々と、引用を行わなかったことで有名な Brehm & Cole（1966）の論文であることは間違いない。この論文は、ただの1本たりとも引用を行うことはなかったのである。

　懐旧の情というのは自然な感情だし、車といえばペダルが3つあった時代や、南京虫に DDT をふりかけて駆除した時代も、それはそれで懐かしい。でも、ビンテージカーや古いマットレスを購入する人が少ないのには理由がある。文献を減らす方のインセンティブはあまりないのに対し、文献を増やす方なら、上述したようにたくさんある。文献によって論文が置かれる位置が決まるし、研究者としての鋭敏さも伝わってしまう。論文で扱った研究に読者をつなぐのも文献だ。投稿する雑誌が文献について制限を特に設けていないのであれば、文献が多すぎることについて心配する必要はないだろう。

自分の論文を引用するのは見苦しいか

　自分の論文を引用するのはどうなのだろう。たいていの人は、自分の発表論文を特に気にすることもなく引用しているようだが、引用した後でやましい気持ちになる人もいるようだ。上品か下品かは別として、自己引用は盛んに行われており、分野や著者にもよるが、引用全体のおよそ 10 ～ 20 ％が自己引用だという（Fowler & Aksnes, 2007; Hyland, 2001）。Brysbaert & Smyth（2011）は、自分の研究に没入しているこうした状況を批判して、研究者が自分の論文を引用するのは、「議論を理解するうえで自己引用が必須だからではなく、……自己引用が自らを高揚させ、自らを売り込むことで研究者の自尊心に寄与するからだ」と述べた（134-135 ページ）。（彼ら自身の自己引用の有無については、読者諸氏が自分でチェックしてみてほしい。）

　僕は、自己引用には自我がどうこうというだけではない理由があると思う。科学の世界は、専門分化した細かい領域で仕事をしている人が大半だ。気鋭の研究者なら、自分が所属する狭い領域で最近発表された論文の多くが自分が書いた論文だったりもするだろう。そして、僕らが目指しているのは、分野全体としても、自分自身の研究キャリアとしても、知見が累積されていくような科学だ（10 章参照）。もし、自分の研究について書かないとすれば、いま書いている内容は従来からの発想のうえに積まれるのではなく、つまり、上に成長するかわりに、外に向かって不規則に伸びていくことになる（Ring, 1967）。最後になるが、怠けたい気持ちというのも人間の行動の立派な源泉なわけで、無視できない。自分の研究ならよくわかっているので、引用が必要になったときに、難なく思い出せる。

　自己引用が避けられないという実践上の理由以外にも、自分の研究を引用するのには、文章展開上もっともな理由がある。Hyland

(2001)が論じたのは、自分の研究について語ることで、所属分野がはっきりし、それまでの実績が明示されるという点である。刊行済みの論文を引用することで、暗黙のうちに「僕は、当該分野の学術的対話の一部を担っているし、前からそうしてきた」ということを伝えているということだ。5章で「方法」について検討したように、似た手順を用いた過去の研究を引用することで、査読者は安心できるし、自分の研究が、すでに確立された方法論の本体とつながる。

　ところで、本書の大事なテーマでもあるインパクトについてはどうだろう？　どうやら、自己引用には、おおかたの犯罪同様それなりの見返りがあるようだ。引用に関する研究では、自分の論文を1回引用すると、10年単位の蓄積効果として、他の人が3.7回程度引用するのと同等の効果があることがわかっている（Fowler & Aksnes, 2007）。理由は複雑かもしれないが、要は実績の裏付けがしっかり目に見えるということだろう。論文の場合、読者も似たような研究を行っているわけで、誰かの論文をわざわざ読んだら、その同じ著者がその分野で他にどんな論文を書いているのかも当然知りたくなるわけだ。著者が自分の論文を引用しておけば、読者には、その著者がこれまでどんな研究を行ってきたかがわかるし、読者自身がその著者の他の論文を探す手間暇がかからない。つまり、自分の研究を引用したからといって、恥ずかしがる必要などまったくない。この世界で非難されるべき行為が山ほどあるなかで、頻繁な自己引用の順位は低いと思う。

8-2 タイトル

　論文のタイトルは、見世物の客引きのようなもので、通りがかった人を研究という暗いテントの中に誘い込むのもタイトルの役目だ。

嫌々なのか、喜々としてなのかはさておき、読者が論文の内容へと誘導されるのは、たいていの場合タイトルがきっかけだ。その昔であれば、「〇〇の効果」や「〇〇、□□、△△」といったシンプルな説明的タイトルをつけておくのが普通だったろう。片手に満たない数の雑誌しかなく、それぞれの雑誌が年に4回ポストに配達されてくるような時代であれば、無味乾燥でそっけないタイトルであっても特段不利益を生じることもなかったはずだ。でも、近年のように、狭い研究分野に十指に余る重要な雑誌が林立し、その多くが毎月発行されているような状況ともなると、読者を獲得するべく知恵を絞ることになる。

　よいタイトルというのは、読者を魅了し、しかも内容との関連性が高いタイトルのことだ。タイトルについては、ある愉快な本がある。この本では著名な社会心理学者たちを迎えて、重要なのに反響がなかった失敗論文について議論しているのだが (Arkin, 2011)、この本でかなりの研究者が悔やんでいるのが、タイトルの選択についてだったりする。たとえば Cooper (2011) は、「最低の評価しか得られなかった」論文 (Cooper & Jones, 1969) について論じ、読者に興味を持ってもらえなかったのは、平板なタイトルをつけてしまったせいだとぼやいている。「研究」のタイトルというのは、研究に興味があるものの、仕事に押しつぶされそうになっている読者に対して、その文章を読むべきか、読まずに済ますかについて指示を出すような存在でもある。チャンスは、ほんの一瞬のことで、もし、目次を見ている読者の目が自分の論文のところで止まらなかったら、論文はその人の目には二度と触れないかもしれない (180ページ)。Batson (2011) も、自分の「もっとも愛されなかった」論文 (Batson, 1975) が注目されなかったのは、タイトルがまずかったためだと考えているようだ。彼の場合、必須のキーワードがタイトルに入っておらず、そのせいで、レビュー論文の執筆者が彼の論文を見落とし

第 8 章　奥義の数々：タイトルから脚注まで

てしまったそうだ。その結果、文献を求めてレビュー論文を読んだ読者は、彼の論文を見つけることができず、不遇の悪循環ができ上がってしまったという。Batson（2011）が推奨するのは、自分の研究が整理棚にきちんと収まるような用語やタイトルを使うことで、「その分野で実際に使われているカテゴリーに沿って話し進める」というものだ（211 ページ）。

　読者をつかむためには、読者がどういうかたちでタイトルと出会うのかについて考えておく必要がある。今日では、読者は、データベースにキーワードを打ち込んだり、雑誌のウェブページで最近出た論文のリストを眺めたり、紙やオンラインで雑誌の目次を見たりする。いずれの場合も、無意識のうちに、自分の研究上の関心事に関わるキーワードを探しているわけで、タイトルには、最低でもキーワード 2 つくらいは入っていないとまずいだろう。しゃれた類義表現や文学的表現を使ったりせず、無難で退屈なキーワードを使っておくこと。「自分の研究は、研究者仲間が好きそうな用語で表現しよう」という Batson（2011）のアドバイスは賢明だと思う。データベースで論文を検索する際にはキーワードを利用するのが普通だし、イン・プレスの論文リストを斜め読みする際も、関連用語の含まれるタイトルがあると、そこで目を留めているわけだ。

　キーワードを決めたら、どんなトーンのタイトルにしたいのかを決める。ストレートで地味なタイトルもあれば、軽いタイトル、おもしろみのあるタイトル、しゃれたタイトル、好戦的なタイトル、わけのわからないタイトルなどもある。文章にマッチするタイトルを選ぼう。ストレートなタイトルを選ぶことに特に問題はない。すてきなタイトルや粋なタイトルにする必要はないからだ。心理学は、タイトルに関しては、やや軽い傾向があるようだが、小さな子どもがくるくるまわって目をまわしたがるのと同じで、そのうち違う傾向になるはずだ。自分がつけたタイトルには、研究者をやめる

までつきあっていかねばならないわけで、タイトルはいくら地味でフォーマルでもかまわない。自分の論文については、僕は、投稿する雑誌によってタイトルのトーンを変えている。生物心理学や臨床心理学のような分野は、無難でフォーマルなタイトルが多いし、心理学でも芸術や創造性を扱うような分野になると、タイトルに凝ったり、タイトルで遊んだりすることにも寛容になる。

　もう1つ、タイトルの構造も決めなくてはならない。選択肢はいろいろあって、科学論文のタイトルについての研究によると、タイトルの形式は驚くほど多岐にわたるようだ（Soler, 2007）。コロンを使ったタイトル（メインタイトル、コロン、サブタイトルの順で並んでいるようなタイトル）はよく使われるし、使い回しがきく。このタイトルは、メインタイトルとサブタイトルの長さが違うときに印象が強く、短い方の部分が目を引き、記憶に残る。なお、サブタイトルを使うことに抵抗があるという人もいるが、タイトルが論文の内容を反映し、キーワードも含んでいるようなら、それはそれでかまわない。また、必ずしもきちんと評価されていないが、疑問形を使うという選択肢もあって、これはタイトル全体が疑問を投げかけるかたちでもよいし、タイトルの一部に疑問形を利用するのでもよい。疑問形には、読む人をつかんで離さない魅力があるし、論文の刺激的な疑問が浮かび上がる。

　タイトルには、いくつかの罠がある。まず、表現や参考にした元ネタが時事的に過ぎる可能性がある。現在進行中のニュースやポップ・カルチャーからアイデアをいただくのは魅力ある選択肢だし、読者も関心を寄せてくれる。ただ、論文というのは、運がよければということだが、書かれて以降も長年にわたって読み継がれ、へたをすると最初の読者の孫が読んだりするかもしれない。未来の読者にも自分がつけたタイトルの意味がわかるという確信を持てるだろうか。確信が持てないなら、高校時代に自分が何を好み、何を聞き、何を

着ていたかを思い出してみるのがよいだろう。時代というのは変化する。第二に、タイトルの意味が不明瞭すぎて、何のことを言っているのか読者にわからないというケースもある。こうした場合、タイトルは混乱のもとになる。僕も、最初のころの論文で、この罠にはまったことがあって (Silvia, 2001)、メインタイトルを、そのとき読んでいたギュンター・グラスの無名の小説からとったのだが、誰1人、そのことに気づいてくれなかった。最後に、下つき文字、上つき文字、数学の記号など、特殊な文字は使わないようにしよう。こうした文字を使ったタイトルは、データベース収録後、さまざまなブラウザーやデバイスを使った検索に耐えられるだろうか？ 論文を引用した人は、タイトルをきちんと入力してくれるだろうか？

　よいタイトルは、そうそう思いつけるものではない。妙に考えすぎないこと。セクシーなタイトルは、素朴な仕事には似合わない。このあたりは、Cooper (2011) がうまくまとめている。「タイトルとは、どんな存在なのだろう。タイトルは、短期的にはそこで差がつく重要な存在だが、長期的には仕事の実質に呑み込まれる」(180ページ)。

8-3 要旨（アブストラクト）

　要旨を書くのは、なるべく後の方がよい。これには理由がいくつかある。まず、自分の研究を簡潔にまとめるというのは、なかなかつらい。そして、つらい作業は輝ける未来まで先延ばししたくなるのが人情だろう。そもそも、まだ何を書くのかもわかっていない段階で、まとめを書くのは難しい。とはいえ、どの時点で着手するにしても、要旨はしっかり時間をかけてよいものを書いておく必要がある。たいていの人は論文のタイトルしか読まないし、興味を持って

要旨まで読んでくれるのはほんの一握りで、論文を全部読んでくれる人となると、数えるほどしかいない。つまり、要旨は情報をしっかり伝えたうえで、なおかつ読者をひきつけるようなもの——つまり論文のミニチュア版——である必要がある。

その昔、1990年代の頃、要旨の長さはどの雑誌でもまず一緒だった。これはなんともありがたいことで、論文を書く過程で数限りない判断を重ねてきたあげく、要旨が、120語なのか、150語なのか、それとも250語なのかなど、誰も考えたくないからだ。今日の何でもありという傾向は、裏目に出ているようで、120語や150語の雑誌があるかと思えば、250語という雑誌まである。『*Publication Manual of the American Psychological Association*（APA論文作成マニュアル）』（APA, 2010）でもはっきりせず、雑誌の大半で要旨が150〜250語とされていることに言及するのみだ。これは困る。どっちでもよいように思われるかもしれないが、僕らの戦略——本命で不採用になった場合のことを念頭に置いて、フォーマットの指針が似た雑誌を次の投稿先として選んでおくという戦略——を思い起こしてみてほしい。ある雑誌用に250語の要旨を書き、それを120語まで減らして、今度は150語まで増やすというのは、何とも面倒だ。

よい要旨は、以下の2点をクリアしている。まず、データベースでの検索に適したかたちでキーワードや類義語が使われているので、検索時には、論文がすぐ見つかる。要旨の文体に多少しわよせがいったとしても、要旨では、適切な検索語やキーワードをすべて使用しておくべきだ。反復を避けるために類義語を使用するというのは、通常であれば野暮ったい（Zinsser, 2006）。でも、要旨が少々野暮ったくても問題はない。恥ずかしがることはない。類義語1つで、論文が気づかれるか、埋もれたままになるかが決まることもある。

第二に、よい要旨は、研究のメインの発想、方法、知見、意義について、説得力のあるスナップ写真となっている。説得力のある要

旨を書くうえで一番大変なのは、研究の重要な要素である刺激的な発想をどうやって表現するかという部分だろう。でも、きっと書ける。そのための戦略の1つは、要旨の前後に、肯定的で興味をひくような文を配置して、要旨をそれらの文で挟むというものだ。最初の文は、読者の心をつかむような一文となるよう心がけよう。疑問形や包括的な主張を利用すると「序論」同様うまくいくし（4章参照）、多くの執筆者は、「序論」の1行目が、要旨のすばらしい1行目になると考えているようだ。そして、研究で何を行い、何を見い出したかについて伝えた後は、肯定的な一文や結論となる一文で要旨を書き終える。ゆめゆめ「〜の問題の持つ意味について検討した」といったかたちで終えたりしないこと。それでは、時代遅れのせせこましい論文にしか見えない。要旨は、研究の意義について述べつつ、その部分では意義を簡潔に述べておこう。読者の耳に残るのは最後の1行だ。そこで研究の重要性がしっかり記憶に刻まれる。

8-4 図と表

　図や表はたくさん作ろう。6章で「結果」について説明したように、図や表を使うと、文章が短くなるので論文がずっと読みやすくなるし、データの量も増やせるので、オープンで情報量の多い論文を書ける。雑誌によっては、図や表の数に制限があるものもあるが、たいていの雑誌は制限がない。文章の量を減らしたければ、時間をとって、図や表について扱った書籍を読んでみるのもよいだろう（Few, 2012; Nicol & Pexman, 2010a, 2010b）。こうした書籍を読むことで、気づけることは必ずあるし、論文の質も向上するはずだ。

8-5 脚注

　脚注というのは、政治、宗教、セミコロンなどと同じで、上品な仲間内で議論するのは禁物だ。一方に「書く価値があるなら本文に書くべきだ」と主張して一歩も譲らない強硬派がいるかと思えば、もう一方には、脚注のない人生なんて生きる価値がないという人文系の学者たちがいたりする。社会科学や行動科学では、脚注は許容されているし、脚注を使っても使わなくても問題が生じることはないので、自分の良心のおもむくままに判断してかまわない。脚注には便利な機能があるので、僕は好きだ。脚注を利用すると、本文の流れを乱さずに、大事な事項を詳しく掘り下げられる。また、情報には一部の読者にとってだけ重要なものもあって、脚注を使うと、そうした読者を、それ以外の読者の邪魔にならないようなかたちで脇に呼び出せる。査読者が触れておいてほしいと願うような周縁的な発想について他の箇所では触れられなかった場合も、脚注として書いておくことが可能だろう。

　とはいえ、脚注については、以下の2点に気をつけること。まず、ページ数やワード数の制限を回避するために脚注を使うのはやめておくこと。そんなごまかしが通るはずもなく、投稿者は査読段階にさえ到達しなかった原稿を抱えて、別の雑誌の門を叩くはめになる。また、人文系全開モードで、（おもしろいとはいえ）思いつく限りの周辺的な事項や、入力中に思いついた突拍子もない憶測を脚注に書かないこと（僕の長年の勘では、脚注をつけたくなる衝動と、強調目的で特定の単語をイタリック体にしたり、文を「Well」や「You see」から始めたりしたくなる衝動には相関がある。誰かが、研究すべきかもしれない）。論文は、いかなる意味でもデヴィッド・フォスター・ウォレスの小説とは違う。原稿3、4ページに脚注1つとい

う分量を超えないようにしよう。

8-6 付録や補足資料

　僕らは、付録という物量の時代に入っている。分野によっては、印刷の時代にも、紙に挟み込まれた付録を見かけることはあった。心理学の場合、そうした付録には、認知実験で使用した単語のリスト、新たな自己報告尺度用の測定事項、方法一般からは分けておくのが無難な臨場感ある詳細などが書かれていたものだが、そうした付録はけっして一般的とは言えなかった。雑誌が付録のためにページを割くことはなかったし、書いておくに値する事柄は、紙の本編に書かれていたわけだ。ところが、インターネットの時代となった現在では、付録部分――希望のかいもなく、誰にも読まれない不遇な資料の貯蔵庫――がオンラインに置かれるようになっている。多くのトップジャーナルは、多量の情報をオンラインの補足資料に載せ、多くの研究者は、研究資料やデータを自分でもアーカイブするようになっている。したがって、印刷された論文で重要な部分に触れたうえで、オンラインの補足資料（本編より長いことも多い）を読者に紹介することもできる。自分の部屋を掃除する子どものように、研究者は、収まりの悪い雑多な部分をクローゼットに押し込めるということだ。

　5章でも論じたように、近年の魅力的なトレンドとして、生データを補足資料としてオンラインにアップしておくという方法がある。そうした動きを物語るのが、Wicherts & Bakker が 2012 年に *Intelligence* 誌に発表した鮮やかな論説だろう。ここで論じられていたのは、論文と一緒に生データを公表することで、論文のインパクトを高めるという可能性だった。生データは、好奇心に溢れた大学

院生やメタ分析の研究者など、科学好きの面々にとって興味の湧く存在であり、データを登録し、アクセスした人がその登録データの新たな分析結果を公表できるようにすることで、研究への注目を集め、引用を増やすことができる。メタ分析の方法が、記述統計の分析から生データのモデリングへと進化するにつれて、研究者はデータファイルを見たがるようになっている。

データファイルを補足資料として登録する慣行は、どんどん広がっていることもあり、いくつかの問題を解決しておく必要がある。最大の問題は、どうやって個人を特定できないようにするかだろう。氏名、電話番号、住所などを省くのは当然としても、この作業が案外難しい。データ中の情報を、他の入手可能な情報と組み合わせられる場合、多くの情報が、特定可能になってしまう。特定の項目を組み合わせることで情報を絞り込んで、個人を特定できてしまうこともあるということだ（たとえば、小規模な大学の場合、ナイジェリア国籍であるとして登録する1年生の女子は1名しかいないかもしれない）。研究者は、データを公表する前に、非識別化やデータ・シェアリングについての米国の連邦ガイドライン（米国保健社会福祉省, 2012など）を読んでおくべきだろう。オンライン・アーカイブにデータを投稿したり、論文に付録をつけたりする気になれないなら、電子メールでデータのコピーを請求してもらうようにすればよいだけだ。

8-7 ランニングヘッド

ランニングヘッド[*1] は、その昔、鼻眼鏡を上下させながら、郵便

[*1] 雑誌（紙版）の欄外に印刷されるタイトルまたはそれに類する短文。隣のページ上部の「第8章 奥義の数々：タイトルから脚注まで」のようなもの。

で届いた雑誌のページを親指でめくっていた時代には、結構大事だった。偶数ページに印刷された著者名と、奇数ページに印刷されたランニングヘッドを見ながら雑誌をパラパラめくっているときに、気になるランニングヘッドが目にとまると、ページをめくるのをやめ、下男にインク壺と羊皮紙を持って来させるといった具合だったろうか。雑誌は、依然として紙に印刷されているし、ランニングヘッドも必要とされてはいるものの、以前ほどの重要性はなくなっているかもしれない。APAスタイルには、ランニングヘッドは、タイトルを50文字以下に縮めたものだと書かれている（『*Publication Manual of the American Psychological Association*（APA論文作成マニュアル）』(2010, 229ページ)。つまり、ランニングヘッドの文字数は、トルストイの短編と同じくらいの文字数ということになる。

では、ランニングヘッドは、どうすればよいのだろう。目立たない部分とはいえ、それなりに悩む人がいてもおかしくない。第一の（たぶん最良の）選択肢は、何か短めのものを書いておくことだろう。どうせ誰も気づかないのだから、限られた時間はもっと別の執筆に使った方がよい。単純に、タイトルの内容を短くまとめ、他の作業に移ろう。第二の選択肢、つまり搦め手は、何か気の利いたことを書いておくというものだろう。どうせ誰も気づかないランニングヘッドは、言葉、遊び、意外なユーモアなどの隠れ家になる。

まとめ

僕は、「些細なことにこだわるな」と言う人のことを理解できたためしがない。執筆者が細部にどう対処しているかを見れば、その人が、学術的文章の執筆技能にどの程度関心があり、物事にどの程度こだわりを持っているか——ちなみに、この2つの間には高い相関がある——が読者にわかってしまうわけで、ともかく論文というの

は、些細な事柄に適切なかたちでこだわることで、初めて完成するものだ。次章では、どうやって論文を雑誌に投稿し、査読と対処するかという、初心者が一番苦労する部分について説明したい。

第 III 部

論文を発表する

第9章 雑誌とのおつきあい：投稿、再投稿、査読

　この世界で最良の文章は、かなりの部分が私家版として出版されてきた。パピルスからコピー機に至るまで、その折々の新技術のおかげで、おもしろい発想と自由になる週末のある人なら、いくばくかの読者に文章を届けられたからだ。一方、この世界で最悪の文章も、かなりの部分が私家版として出版されてきた。その意味からすれば、読者は、意味不明な文章と格闘しながら文章の質を保ってきた編集担当者や出版社に感謝すべきだろう。一部の研究者は、いつまでたっても、編集担当者・エディターや出版社を、読者との間に立ちはだかる障壁だと考えるところから抜け出せないようだ。でも、門番を非難して我が道を行く前に、読者の大半は、門より内側——文化的な生活が営まれ、よい本が読める世界——に住んでいることを思い出した方がよい。門番のいないところで野営しようというのでないなら、システム、プロセス、プログラムといった存在や、そうした存在とのつきあい方を学んだ方がよい。

　本章では、学術雑誌について、つまり、学術雑誌はどういう仕組みになっていて、その雑誌とどうつきあえばよいのかといった事柄について検討する。編集担当者・エディター、査読者、出版社といった科学の門番たちとつきあうのは、慣れないと、気後れするものだ。でも、査読を通じて、あらだらけの原稿を磨き上げて宝石に仕上げるシステムは案外シンプルだ。本章では、論文を雑誌に投稿するところから、話を始めたい。投稿のプロセスというのは、直感的に行っても、特に失敗することはないかもしれない。その後、査

読、修正、再投稿といった本章の中心となるプロセスに進むわけだが、こちらのプロセスは、わかりづらいし、失敗しやすい。論文が雑誌に載るのは、きっちり修正した論文を雑誌に再投稿するからであって、第一稿を雑誌に送るからではない。この再投稿という危うい瞬間こそ、論文の明暗が分かれる場面だ。でも、僕がそのことを理解したのは、自分でも失敗を重ね、何百もの論文の査読を行い、エディターをつとめる作業を通じてのことだった。本章でも検討するが、きちんとした修正は、攻めであり、守りでもある。修正にはシンプルで堅実な原則があって、その原則を守ると成功率が上がる。本章の最後では、研究分野にとって必須の作業であり、論文を書いてきた研究者の義務でもある雑誌の査読についても検討したい。

9-1 論文を投稿する

　原稿を投稿するのは簡単だ。早い段階で雑誌を選び、雑誌の読者層に応じて原稿を作成し、インパクトのある論文を目標として執筆したのだから、論文はピカピカと輝きを放ちつつ船出を待っているはずだ。燦然と輝くギークな舞踏会にデビューする新参者といったところだろうか。たいていの雑誌は、論文を投稿しやすいようになっている。ウェブに窓口を設けている雑誌も多く、その場合は様式に記入してファイルをアップロードし、クリックして投稿すればよい。雑誌によっては、投稿システムによって確認用のPDF原稿が作成されるので、このファイルで特殊文字（数学や統計の記号、上つきや下つき文字、式など）、表、図などの誤記をチェックしよう。なかには、論文を雑誌のエディターにメールで送ることになっているテクノロジー拒否派の雑誌というのもあって、この場合、エディターは、鯨油ランプのゆらめく光でインク壺を探すつらさをぼやく

ことになる。余計なことかもしれないが、僕の年代だと、コピー機のあるところまで出向いてコピーを5部とった後になって、書類一式が入る郵送用の封筒があったかどうか頭を悩ませていたセピア色の日々を思い出したりする。古きよき昔のことだ。ともあれ、論文を投稿する前には、投稿規定を再読して、論文の長さや書式が規定に抵触しないことを確認しておこう。

たいていの雑誌では、原稿だけでなく、簡単なカバーレターも必要になる。カバーレターは、包括的でストレートなものだ。資料9.1 に、テンプレートがあるので、利用してほしい。最初の段落で、タイトルを示し、標準的な宣言事項（研究が、機関内審査委員会で承認されていること、未発表であること、他の雑誌で査読中ではないこと）を書いておく。雑誌によっては、もっと別の事項についても宣言が必要なこともあるので（投稿規定参照）、その場合はこの段落の末尾に書いておくこと。2つ目の段落はあってもなくてもよいが、この段落は、査読者やアクション・エディターを示唆するために利用できるかもしれない。その雑誌に似たような研究が載ったことがあるようなら（投稿雑誌を戦略的に選んでいれば、たぶんあるはずだ）、似た論文を発表した何人かの顔ぶれを具体的に書いておこう（そうした人々の論文は、当然、論文中に引用してあるはずでもある）。また、その雑誌にエディターが何人もいて、そのうちの誰かが特に適任だと考えるなら、そのことも書いておこう。

資料9.1　投稿レターのテンプレート

[Date]　　　　　　　　　【［日付］】
Dr. [Editor's Name]　　　【Dr.［エディターの名前］】
[*Journal Name*]　　　　　【［雑誌名］】

第 9 章 雑誌とのおつきあい：投稿、再投稿、査読

Dear Dr. [Name]:
We would like to submit the attached manuscript, "[Appealing Title of Your Paper]," for consideration in [*Journal Name*]. The paper has # words of text (# total), # tables, and # figures. The research was approved by our institution's IRB, it hasn't been previously published, and it isn't under review elsewhere.
【Dr. [名前]
　添付の原稿「［論文の訴求力あるタイトル］」の［雑誌名］への掲載を考慮していただけるよう投稿いたしますので、ご配慮のほどをお願いします。原稿は、文章部分が〇ワード（合計〇ワード）で、表を〇個、図を〇個含みます。研究は、我々の研究機関の施設内審査委員会で承認されたもので、未公表であり、他雑誌で査読中でもありません。】

This paper [brief, one-sentence snapshot of paper]. If you are seeking suggestions for reviewers, several researchers (list two to four names) have published related papers recently in [*Journal Name*] and would thus be good options. *If relevant*: [Associate Editor's Name] has published extensively in this area and would thus be particularly well suited to serve as the action editor.
【論文についての記載［論文を1文で簡単にまとめる］。査読者となりうる方を探しておられるようでしたら、何人かの研究者（2〜4人の名前）が、最近、関連論文を［雑誌名］に発表しておられますので、よい選択肢となるかもしれません。場合によっては、［Associate Editor の名前］が、本領域で多くの論文を発表しておられるので、担当エディターとして適任かもしれません。】

With all the best,

【敬具】

[Author names] 　　　　【[著者名]】
[Corresponding author's postal address, phone and fax numbers, and e-mail address]
【[責任著者の住所、電話とファックス番号、メールアドレス]】

　些細なところまでとことんこだわるという精神にのっとって、原稿投稿にあたって2つのヒントをお伝えしたい。まず、第1に、頭をよぎる「もう一度通読しておくべきかもしれない」という声には耳を傾けよう。頭の中で声がするときには、そのとおりにしておくのがよいというのはさておき、再読時には、タイプミス何ヵ所かと文献の抜けが見つかるだろう。第二に、原稿を熟成させないこと。書き終えた原稿を、踏ん切りがつくまで1週間以上もそのままにしておく人もいるが、踏ん切りをつけるのに要した何日間かというのは、査読者がその原稿を見ないで済む時間でしかない。時間を引き延ばすのは、査読者にお願いしよう。舞踏会のデビューと同じで、会場に入るときに躊躇は禁物だ。

9-2 通知の内容を理解する

　原稿お披露目の舞踏会は、急転直下、エディターからの通知が届いたところで終わりになる。通知は、2つの部分に分かれていて、最初の部分には、エディター自身の見解が書かれている。この部分で、エディターの決定が伝えられるわけだ。次の部分には、査読者のコメントが書かれている。そして、結果は何通りもない。採用に

採用（アクセプト）

採用の場合は、誤解の余地はないだろう。エディターから、原稿が採用されたことを知らされ、雑誌掲載に必要な書式いくつかに記入するよう促される。僕の場合なら、「やったぜ、マニコッティ*1 の時間だ！」と叫んで、妙な振りで体をくねらせる（同僚は後になってダンスをしていたらしいと気づくようだ）。ちなみに、エディターが、最初の投稿をそのまま採用とすることはありえないというのは神話だろう。僕も、一切修正なしで採用になった論文が何本もあるし、エディターの側として、実質的にそのままで採用とした論文が2、3本ある。つまり、修正なしで採用となる可能性は思ったより多いということで、これが「とりあえず投稿してしまおう。些細なことは再投稿のときに直せばよい」という態度が見当違いなもう1つの理由である。

不採用（リジェクト）

エディターの決定について迷うのは、「修正して再投稿せよ」という決定なのか、それとも「不採用」という決定なのかという部分だろう。エディターによっては、不採用（reject）という言葉を2つの意味で使う。つまり、世界に70ほどある英語使用国でrejectといった場合に意味される内容（つまり、「こんな悲惨な文章は金輪際見たくない」という意味）の場合と、「修正して投稿し直せ」（「この草稿

---

*1　太い筒状のパスタ。

は不採用にするが、書き直してくれば再考する」という意味)の場合ということだ。したがって、奇妙なことかもしれないが、不採用(reject)という単語が使われているからといって、投稿した原稿が不採用になったということにはならない。確認すべきは、レターの文面から、原稿を修正すれば再考してもよいという気持ちが伝わってくるかどうかだろう。エディターが、もう一度読んでもよいと言っているのであれば、修正して再投稿せよという決定だということになる。わかりやすいように、資料9.2 に、「修正して再投稿せよ」というケースと、「不採用」のケースの文面を、僕の分厚いレター・コレクションからそれぞれいくつか挙げてみる。

雑誌がウェブベースに持っているポータルサイトの方が、エディター自身のレターよりわかりやすいかもしれない。システムにログインして自分の原稿のところを見ると、採用、マイナーな変更を行ったうえで採用、修正して再投稿、不採用といった決定が書かれていたりしないだろうか。それでも、エディターが何を伝えようとしているのか確信が持てない場合は、恥ずかしがらずにフォローアップのメールを書くべきだ。

資料 9.2 「修正して再投稿」と「不採用」の例

修正して再投稿

◆ I have now heard back from two reviewers whose comments are shown below; as you can see, both of them liked this contribution and thought that it was appropriate for publication in [*Journal Name*]. However, they do suggest a few very minor changes. If you make these to my satisfaction we will be happy to publish the paper: It will not need to go out for review again.

（査読者 2 名から、以下の結果が戻ってきたところです。見てのとおり、双方の査読者とも原稿の［雑誌名］への掲載が適当であると判断しています。とはいえ、細かい変更がいくつか提案されています。これらを、私が納得できるかたちで直していただければ、本誌に掲載可能です。再度の査読は不要でしょう。）

- Reviewers have now commented on your paper. You will see that they are advising that you revise your manuscript. If you are prepared to undertake the work required, I would be pleased to reconsider my decision. ... The reviewers have raised a number of issues that you should address. If you are able to address these issues and explain what you did in the cover letter, no additional review may be necessary.

（査読者からコメントが戻ってきました。修正するようアドバイスされていることがわかると思います。そちらで必要な作業を行う用意があるのであれば、今回の判断を再考することもやぶさかではありません。…査読者は、著者が対処すべきいくつかの問題について提起しています。もし、これらの問題に対処したうえで、カバーレターで何にどう対処したかを説明できれば、これ以上の査読は不要かもしれません。）

- On the basis of the reviewers' recommendations and my own reading of your manuscript, I cannot accept this manuscript for publication in [*Journal Name*] at this time. However, if you believe that you can address weaknesses identified in the reviews, you are invited to revise and resubmit your manuscript to [*Journal Name*]. I must emphasize, however, that there is no guarantee that a revised manuscript will be accepted for publication.

（査読者のアドバイスや私自身が原稿を読んだ結果にもとづいて、現時点で［雑誌名］への掲載はできません。しかし、査読で指摘され

た弱点に対処できると考えるのであれば、修正したうえで［雑誌名］に再投稿してください。しかし、修正された原稿を採用して掲載できるかどうか保障できないことに留意しておいてください。）

◆ Your manuscript has now been reviewed and elicited rather positive reactions in the reviewers, who respectively asked for a major and minor revision. My own reaction to your manuscript was rather positive as well, although I had a major concern in addition to the comments and suggestions provided by the reviewers. My first inclination was to reject this manuscript. However, I have decided to give you the opportunity to resubmit a major revision of it. If you feel convinced that you can successfully address the issues below, then I would be happy to consider a revision of this ms, which may or may not be sent out for further review. Alternatively, it may be that you feel highly uncertain about the success of such revision, in which case I would like to encourage you to resubmit this research to another outlet. In any case, I wish you good luck as you prepare a revision of this manuscript, either for resubmission to [*Journal Name*] or to another journal.

（貴原稿は査読を終えました。査読者は、どちらかといえばポジティブに受けとめたようで、各査読者とも、大幅な修正や細かい修正を求めています。貴原稿を読んでの私自身の感想も、どちらかといえばポジティブなものでしたが、査読者のコメントや提案以外にも、重大な問題を感じました。私は、当初、本原稿を不採用にした方がよいと思ったのですが、大幅な修正を行ったうえでの再投稿のチャンスを残すことにしました。以下の諸問題にうまく対処できそうなら、この原稿の修正について考えてもかまいませんし、その場合にさらに査読にまわすことも、まわさないこともあると思います。あるいは、そうした修正の成否について確信がもてないかもしれませんし、

その場合、この研究を別の雑誌に再投稿することを勧めたいと思います。［雑誌名］に再度投稿するにせよ、他の雑誌に投稿するにせよ、本原稿修正段階での健闘を祈ります。）

不採用

◆ Both reviewers have concerns that prevent them from supporting publication of the manuscript, and my own reading of your paper places me in general agreement with their evaluations. I am sorry to report that I will not be able to accept your paper for publication in [*Journal Name*].
（双方の査読者とも、原稿掲載を支持できない問題点があるとしており、私自身の原稿を読んでの評価も、彼らとおおむね一緒でした。残念ですが、貴原稿は［雑誌名］には掲載できないことをお知らせせねばなりません。）

◆ I have received comments from three experts; their comments appear below. On the basis of their comments and my own independent reading of your manuscript, I am sorry to inform you that I have decided to decline your submission for publication in [*Journal Name*].
（3人の専門家からコメントをもらいましたが、以下のとおりです。彼らのコメントと、私が独自に貴原稿を読んだ結果を踏まえ、［雑誌名］への投稿は認められないものと判断したことをお知らせします。）

◆ Although your work has many strengths, it does not appear to be a good fit for [*Journal Name*]. I must therefore reject your submission.
（貴研究には納得できる部分も多いのですが、［雑誌名］には合致していないようです。したがって、貴投稿を不採用とせざるをえません。）

最大限努力しても、原稿不採用を告げるレターがエディターから届くことも多い。不採用の場合の対応は簡単だ。選択肢は2つしかない。1つ目は、これはたとえだが、ファイルキャビネットに原稿を投げ込むこと。そして2つ目は、原稿を別の雑誌に投稿することだ。多くの初心者は、初めてピアレビューで不採用になったことで落ち込んでしまい、あきらめたくなるようだ。たしかに、原稿の行き場としてファイルキャビネットがふさわしいこともあるだろう。その研究には、査読者が親切に指摘してくれたように致命的欠点があるかもしれないからだ。でも、特に事情がない場合の選択肢は、別の雑誌に投稿することの方だろう。その研究に時間をかけることの意味や、どんな雑誌だったら掲載可能かといったことについて熟慮したうえで研究に着手していれば、外れクジを引く確率はそう高くないはずだ。

　原稿を別の雑誌に投稿する手順は、基本的には、最初の投稿と同様だ。投稿先を1章でアドバイスしたようにして選んでいれば、つまり第一選択の雑誌に不採用となった場合に備えて次の投稿先を1誌か2誌すでに選んであれば、次の投稿先はもう決まっているはずだ。次の雑誌に原稿を送る前に、時間をかける価値があると思う部分については、きちんと修正しておくこと。1誌目の査読時に指摘された内容は、自分の分野の研究者たちが無料でアドバイスしてくれたものだ (Lambert, 2013)。こうしたフィードバックについては、建設的に考えよう。査読者というのは、基本、よいアイデアをたくさん持っている人たちなのだから、片意地を張って、自分の研究を改善するチャンスをふいにしないこと。率直なところを言えば、前に投稿した雑誌の査読者が次の雑誌でも査読者になる可能性というのはかなり高い。専門分野というのが狭い世界であって、エディターが査読者を選ぶ手法がどの雑誌も似たようなものである以上、同じ査読者がある原稿の複数バージョンで査読を行うというのはよくあ

第 9 章　雑誌とのおつきあい：投稿、再投稿、査読

ることだ。フィードバックを無視して、彼らの怒りを買わないようにしよう。

　僕は、不採用を知らされたときにどう対処するかについて尋ねられることが多い。投稿前に、不採用になったときのことを考えて不安になるケースも、査読後に落ち込んでもうやめたいというケースも、いろいろあるようだ。僕の場合、最初に車を買ったときに、ガソリン価格についての不平は絶対に言わないと決めた。車を運転することを選んだ以上、ガソリン価格の高騰は折り込み済みと考えたわけだ。雑誌に原稿を投稿することを選んだ場合に不採用にはなるのは当然なわけで、ぼやいてもしょうがない。投稿論文が不採用になるというのは、論文発表に際しての消費税のようなものだというのが僕の考えだ。投稿すれば一定の確率で不採用になる以上、たくさん投稿すればたくさん不採用になる。つまり、不採用をめぐって執筆者が「対処」せねばならない事情には、何一つ、普段と違ったり、個人的だったり、アブノーマルなことはないということだ。査読結果から学んで原稿を修正し、別の雑誌に投稿する。それだけだ。太陽が燃え尽きることはなかったし、愛猫からは愛されて続けているし、家屋も揺らいではいない。

　そういうわけで、「査読結果を受け取ったら何日かファイルキャビネットにしまっておけ」という従来のアドバイスには、たとえそれが比喩だったとしても、僕は同意できない。ちなみに、「気持ちのうえで距離をおけるようになったら読め」という意見も耳にしたことがある。仮に年 10 本投稿して、毎回数日待ってから査読結果に対応したとすれば、脆弱な感性を厳重に梱包してキャビネットに格納しておくためだけに、30 日間、つまり 1 年のうち 1 ヵ月まるまるを浪費することになる。雑誌、出版社、財団などから、ゆうに 200 回は不採用通知を受け取ってきた僕は、この点については断言できる。僕自身の発表にまつわる感情は赤外線深宇宙望遠鏡でしか見えない

くらい遠いところにあるし、そもそも、世界中の科学者に自分の発想を吟味してもらうために発表するというのは、タフな行為であってしかるべきだ。査読結果を受け取ったら、ただちに読んで、翌日までには対応を開始しよう。

　1つだけしてはならないことがある。不採用を知らせてきたエディターに抗議することだ。長年投稿していると、公正さを欠いているとしか思えない不採用通知もある。たしかに、査読者は原稿を誤解しているかもしれないし、研究の査読を行う能力を欠いているかもしれないし、原稿を斧の砥石がわりに使っているかもしれないし、そういう場合、エディターにレターを書いて、非営利団体でインターンシップ中の学生のような正義感溢れる熱意をもって自分の研究を擁護したくもなるだろう。たまに、そうした抗議がそれなりに効を奏したケースも耳にする。エディターによっては、不採用の決定を再考し、別の査読者で査読をやりなおしてくれるのだという。でも、僕はそんなことをしないし、絶対やめておいた方がよい。

　公正さを欠いた不採用決定なのか、自分のプライドが傷ついただけなのかという判断は難しい。ひどい不公正が行われたという確信は、どの程度あるのだろう。原稿を投稿するというのは、確率論の問題だ。賽の目が不利に出ることもあれば、有利に出ることもあって、機嫌のよい査読者にあたることだって結構ある。ならせば五分五分だろう。いずれにしても、エディターは、文句など聞きたがってはいないし、通知レターを書かねばならない原稿を山ほど抱え込んでいる。処理済みの案件を蒸し返して、不興を買うのはやめておこう。『*Personality and Individual Differences*（パーソナリティと個人差）』誌の投稿規定に至っては、「編集委員会から送付された査読結果についてのやりとりは行わないこと」と書かれている。

修正・再投稿

不採用や採用の場合、何をすればよいのかは明瞭で、修正して別の雑誌に投稿するか（不採用の場合）、ときならぬマニコッティ・ダンスに興じるか（採用の場合）のどちらかになる。一方、修正して再投稿せよという決定の場合は、事情がやや複雑で、境目の判断は難しい。変更がどちらかといえばマイナーで、それ以上の査読は不要だから迅速に修正せよと言ってくる場合があるかと思えば、広範な修正が必要で、修正後もさらに査読が必要ばかりか、原稿の問題点が対処可能なのかどうか確信は持てないと言ってくる場合もある。 資料9.2 に、判断の例をこの分類に沿って示しておいた。

査読の語調はともかく、原稿を修正して再送するというのがデフォルトのはずだ。僕は、執筆者の立場としては、「修正して再投稿」というのは「条件つきで採用」のことだと考えているし、エディターの立場としては、修正すれば採用になると考えた場合にのみ、修正を促すことにしている。この理由を理解するには、雑誌のエディターが抱える漠然とした心理を知る必要があるかもしれない。エディターにとって、原稿を不採用にするのは、特段気の進まぬことではない。たいていの原稿はどのみち不採用となるわけで、つまり、エディターの生活というのは、基本、原稿を不採用にし続け、ときどき誰かに再投稿を促すというものなのである。エディターは、不採用にするのがやましいから、媚びを売って再投稿を促しているのではない。エディターが修正してもよいと言っているなら、エディターにはそのつもりがあるということだ。エディターは、原稿をなんとか不採用にして、増え続ける無慈悲な原稿の山を減らしたいところなのに、研究の長所を見つけてしまったからこそ、もう一度読んでもよいと考えているのである。

こういう事情もあるからこそ、修正・再投稿という手のかかる作

業を行う方がデフォルトなのである。原稿を修正するのではなく別の雑誌に送る方が合理的なこともあるにはあるだろうが、そういうケースはせいぜい1割くらいだろう。エディターや査読者が、気の進まない変更——費用がかさんだり、力量的に無理だったり、論文のまとまりや訴求力に問題が生じたりするような変更——を要求してくることはあるだろうし、そういう場合に、せっかくのゲームを自分から放棄してしまうこともあるだろう。しかし、ゆめゆめ、プライドを傷つけられたとか、修正が大変だとかいった理由で、別の雑誌に投稿したりしないようにしよう。

9-3 どう修正するか

原稿を修正するにあたっては、方法は1つしかない。迅速を心がけるということだ。たいていの論文が不採用になることを考えれば、最悪の事態は回避されたわけだ。エディターが、自分の原稿に何らかの将来性を見い出してくれた以上、少しでも早く書き直して、よくなった原稿をエディターに提出すべきだろう。エディターの心象がまだ記憶に残っているうちに、再投稿しよう。僕は、エディターの立場として、迅速な再投稿を促してきた。古い査読結果やメモを掘り出してこなくても済むので、読んだり作業したりする時間が短くて済むからだ。それに、すばやく再投稿すれば、しっかりした執筆習慣を身に着けた熱心な研究者であることを印象づけられる。ちなみに、各雑誌がオンラインのポータルサイトを持っている今日では、修正にはたいがい期限があって、2〜3ヵ月もすると原稿を再投稿するためのリンクが切れてしまう。執筆習慣が身についていないと、修正がギリギリにずれ込んだり、へたをすると期限に間に合わなかったりする。

原稿を修正する

修正は、ゲームの勝負がつく場面である。たいていの研究者は、勝つのだが、なかには、酔った砲丸投げ選手よろしく、よろけてしまうケースもある。経験不足、短気、無能などのせいで、これ以上簡単な修正はないというようなケースで混乱をきたしてしまったりもする。まさかと思う人もいると思うので、 資料9.3 に、僕が査読者やエディターとして経験した例をいくつか示しておく。こうした惨事(さんじ)を防止するには、建設的な態度でのぞむのが一番だ。建設的というのは、査読者の思いつき的な提案にことごとくしたがったり、自分の発想の統一性を犠牲にしたりすることを意味するわけではなく、査読に誠実に対処し、原稿の大幅修正も受け入れ、ピアレビューの過程で原稿がよくなることを念頭に置いておくことを意味している。

資料 9.3　再投稿が頓挫するとき

- エディターが、書式が同一の小さな表3つを1つにまとめて、ページ数や組版の費用を節約することを提案した。理由は不明だが、著者はこれを拒否したので、エディターが2度目の通知レターを送付し、強めの口調で再度提案を行った。著者は、表をまとめることを再度拒絶した。
- 少数とはいえ、脆弱な自我を査読で傷つけられて、発作的に自己中心的な怒りを爆発させる著者もいる。エディターからすれば、延々と査読者を罵倒し、査読者の批判を非道だとして原稿を頑なに擁護する苦情レターほど、赤のスタンプ台を開いて「REJECT」のスタンプをバンと押したくなるものはない。

- 査読者 2 名が、統計処理が間違ったかたちで行われている点と、いくつかの効果が妙である点を指摘したところ、著者らは、修正時のレターで、エディターと査読者に対し、統計処理を見直したところ、生データのファイルに広範なエラーが見つかり、妙な効果もそのせいだったものの、修正バージョンのデータは問題がないと書いてきた。エディターは、データや研究者の能力が信じられなくなったので、原稿を不採用とした。
- エディターは、著者に対して原稿を削るように、それも相当程度削るよう命じることがある。ある論文で、エディターは、原稿の三分の一を削除することを提案したが、著者は分数の理解で混乱をきたしたのか、三分の一長い(つまり 4/3)原稿を再投稿してきた。

さて、十分好意を理解したところで、どこから手をつけたらよいのだろう。最初のステップは、エディターから受け取ったレターを取り出して 1 行 1 行丁寧に読み、「要対応事項」、つまり、自分の判断や再投稿時のレターでの応答が必要なコメントを特定することだ。読むとわかるが、エディターのレターには、定型的な文句、査読者による前口上、気の利いた文言、とりとめのない言葉の数々といった対応不要部分もある。でも、レターの大半の部分には、原稿をどう変えたらよいのか、つまり、何を足し、削り、言い換え、考え直し、分析し直せばよいのかについての提案が書かれている。自分の論文の場合、僕はレターを印刷し、対応が必要な各コメントに下線を引き、それから、対処についてのメモを作る。そして、選択肢は「直す」、「直さない」、「エディターの判断を仰ぐ」の 3 つしかない。

直す

コメントの大半は、原稿の変更に関わるもので、そのほとんどは、

第 9 章　雑誌とのおつきあい：投稿、再投稿、査読

「方法」や「結果」の記載を増やしたり、曖昧な箇所を明瞭にしたり、文献を足したり、いくつかの段落を削除するといったマイナーなものだ。ただ、メジャーな直しというのもあって、研究の概念ベースから練り直したり、新たなデータを追加したり、長い原稿を短報に書き換えたりといった作業を、錆びた斧と硬い決意だけで実行するはめになることもある。いずれにしても、査読の過程では、大量の直しが発生する。僕も心臓に毛が生えていなかった駆け出しのころは、こうした直しにうんざりしていたが、執筆、編集、査読の経験を積むなかで、査読を通じて原稿が大幅に改善されることがわかってきた。僕の論文は、ほぼすべてよくなったし、その多くが格段によくなった。つまり、原稿の直しは、インパクトがある論文を書く過程の一部なのである。

　でも、どう直したらよいのかわからない場合はどうすればよいのだろう。エディターと査読者の意見が食い違うのは日常茶飯事だ。片方が表を半分削除せよと言ってきたかと思えば、もう片方は、表2つと、図と、オンラインの付録をつけよと言ってくる。片方が、テクニカルな周辺事項についてあれこれ脱線せよと言ってきたかと思えば、もう片方は、チェーンソーをフル稼働せよと言ってくるといった具合だ。エディターと査読者の意見が食い違う場合は、エディターの提案にしたがっておこう。理由は明白だろう。査読者同士の意見が食い違っている場合は、どちらかを選んで、再投稿レターに理由を書いておくこと。厄介な場合、エディターに簡単なメールを送ってもかまわない。その際は、原稿の番号やタイトルを付記したうえで、問題を手短にまとめ、どちらにすればよいかについて何か考えがあるかどうかを尋ねる。初心者で、びびっているのが顔に出そうで青くなっているなら、論文の執筆というのはそんなものだと理解することで元気を出そう。

直さない

　理性的な考えと建設的精神があれば、原稿には多くの直しを加えることになる。でも、すべての査読者のすべてのコメントが的を射ているわけではない。なかには、妙だったり、理解不能だったり、自己中心的だったり、昨今の感じやすい若手には危険に見えるコメントもあるだろう。したがって、第二の選択肢として直さないという選択もある。当然ながら、直さないという選択は、建設的で大学人らしいかたちで行うことになるはずだ。政治での衝突と同じで、修正に際しても、異議申し立ては非暴力的に行うのが効果的だ（Chenoweth & Stephan, 2011）。

　査読者は、すべてのコメントが考慮されて当然だと考えているかもしれないが、エディターは何も隷従を求めているわけではない。きちんとした理由があるなら、異議を申し立ててもかまわない。エディターにしても、一部の査読者の発想が妙で筋が悪いと考えることはあるわけで、エディターが異議申し立てを認めてくれる可能性も十分ある。しかし、その際も、ただ直したくないと言うだけではなく、しっかりした議論をする必要がある。直さなかった理由をきちんと論じ、きちんと考慮したことを示すことが必要だ。

エディターの判断を仰ぐ

　最後の選択肢は、エディターの判断を仰ぐというものだろう。査読の内容によっては、困難で、窮屈で、踏ん切りのつかない「岩の間に挟まった」ような局面に立ち至ることもある。行き詰まったら、エディターに判断を仰ぐこともできる。ただ、ボールを横に出すのは、たまに行うからよいのであって、問題が比較的マイナーで、エディターにとってどちらでも大差がなさそうな場合だけにしておこう。たとえば、査読者から、あまり意味のない表をいくつか加えたり、研究の推論や周縁的な側面について拡張した分析を行ったり、

いくつかのマイナーな異議やつながりを論じたりすることを求められ、エディターは特に見解を述べていないようなケースがこれに該当する。直すべきか、異議を申し立てた方がよいのか自信がないときは、直さずに異議を申し立て、レターには、どうしてよいか自信がない旨を述べ、結論として「もしそうすることで原稿のインパクトが増すとお考えなら、（査読者の非現実的で扱いにくい提案）にしたがうこともやぶさかではない」旨も書いておく。問題が重要な場合には、十分な時間的余裕をもってエディターにメールを書いて、変更について指示を仰ぐこと。重大な問題について判断を仰ぐのはやめておこう。

再投稿用レターを書きあげる

　原稿を雑誌に再投稿する際には、どこを直したかについて説明するレターも一緒に送付することになる。エディターは、この再投稿用レターを読んで、著者がどこを直したのかを確認し、異議が申し立てられた項目の理由について評価する。たぶん、修正原稿そのものより、このレターの方が重要なのだと思う。よいレターなら、一度でやりとりが終わるのに対し、レターが不出来だと、査読が一からやり直しになったり、悪くすれば不採用になったりしてしまう。初心者は、この再投稿レターの重要性をよくわかっていないせいで、どうにもみすぼらしい——不明瞭でミスタイプだらけの——レターを送ってしまいがちだ。一方、経験を積んだ研究者は、このレターに全力を傾ける。

　こうしたレターは長くなることがある。具体例として、資料9.4 に、僕が書いた再投稿時のレターの長さについて例を示すが、これらはすべて、修正後採用になったケースだ。2001年から2012年にかけて書いた論文から、年1本ずつ取り出して、ワード数を数えて

みた。 資料9.4 には、原稿（全体）のワード数と、レター（全体）のワード数を示してある。これらのレターは、それぞれ、絶対的長さも相対的長さも違う。2,000〜3,000ワードを超えるレターもよく見かけるが、論文にはこれより短いものもある。僕の場合、原稿修正時には、原稿自体の直しよりも、再投稿用レターの作成の方に時間がかかることも多い。

資料 9.4 再投稿時のレターは、どのくらいの長さになるか

- Silvia（2012）：論文 10,032 ワード、レター 654 ワード（7％）
- Nusbaum & Silvia（2011）：論文 8,546 ワード、レター 1,639 ワード（19％）
- Silvia（2010）：論文 4,773 ワード、レター 1,246 ワード（26％）
- Silvia, Nusbaum, Berg, Martin, & O'Connor（2009）：論文 3,919 ワード、レター 1,325 ワード（34％）
- Silvia et al.（2008）：論文 15,653 ワード、レター 2,488 ワード（16％）
- Silvia & Brown（2007）：論文 5,486 ワード、レター 832 ワード（15％）
- Turner & Silvia（2006）：論文 4,340 ワード、レター 2,953 ワード（68％）
- Silvia（2005）：論文 11,673 ワード、レター 2,578 ワード（22％）
- Silvia & Phillips（2004）：論文 6,596 ワード、レター 786 ワード（12％）
- Silvia（2003）：論文 5,659 ワード、レター 720 ワード（13％）
- Silvia（2002）：論文 8,917 ワード、レター 2,010 ワード（23％）
- Silvia & Gendolla（2001）：論文 18,988 ワード、レター 3,168 ワード（17％）

再投稿時のレターには、「建設的」なトーンと「協力的」なトーンの２つが必須で、それが執筆者のスタンスでないと困るし、レターでそのスタンスが伝わるようでないと困る。短気な文面、横柄な文面、怒ったような文面、一人よがりな文面、恩着せがましい文面などは、どれも御法度だ。これは本気でそう思う。エディターは、執筆者が何を感じているかなど気にかけていないし、たいていの雑誌には掲載可能な本数を上回るよい論文の投稿があることからすれば、エディターは、個々の論文について、さほどは気にかけていない。それだけではない。妙なレターを書けば、ボランティアで時間をかけて原稿にコメントしてくれた匿名の人たちに喧嘩をふっかける馬鹿なナルシストに見えるのがおちだ。同様に、こびへつらったり、おべっかを使ったりもしないこと。エディターは、査読者たちが天才の集まりで、ご託宣（たくせん）の一字一句が金縁（きんぶち）の銘板（めいばん）に刻まれてミスラ神殿に儀式として埋められるべきだと思っているわけではない。執筆者にしても考えは同じのはずだ。でも、もしミスラ神殿にいくことがあったら、本書を埋めてきてくれたまえ。

　査読結果は頭が冷えるまで寝かせておけというアドバイスに同意できないのと同じで、怒りにまかせて書きたい放題のレターを書いてからしばらく寝かせておき、事態と距離をおけるようになったら修正して、査読者についての一人よがりな非難を削除するというアドバイス――よく耳にするアドバイス――にも僕は同意できない。たまっている執筆作業に使うべき時間を無駄にするのも問題だが、こうした態度から生まれるのは、研究を発表する作業は敵対関係にもとづくプロセスで、怒りがこみあげてくるのも当然だというような非生産的な考え方だけだ。

　さて、「人と折り合いをつける」態度を心に刻んだところで、こうしたレターはどうやって書けばよいのだろう。まず、レターは、日付、エディターと雑誌の名前、原稿の番号とタイトルといった型

どおりの部分から書き始める。そしてメインの部分が難しいわけだが、これがレターの本体部分となる。この本体部分については、2種類、つまり査読者ごとに構成する書き方と、トピックごとに構成する書き方がある。査読者ごとに構成する場合は、まずエディターのコメントについて述べ、それから、各査読者のコメントについて順を追って書く。トピックごとに構成する場合は、査読コメント全体から主要なコメントを拾い出して、どう直したかを重要な順に書いていくことになる。学術論文の場合には、査読者ごとに構成する方が自然だろう。再投稿のレターの構成が通知レターの構成と対応しているので、エディターにとってもこちらの方が簡単だろうし、ほぼ全員がこの構成で書いているというのが実情だ（それはそうとして、研究助成金申請書を再提出する際のレターは、トピックごとの方がうまくいく。この手のレターには、厳格な枚数制限があって、NIH（国立衛生研究所）のプロポーザルなどは、たった1ページだったりする。テーマごとに書かざるをえないわけだ）。

　レターの本体部分は、隘路を粛々と行進していくようなものだ。僕は、エディターと各査読者については、見出しを使う。「エディターのコメント」、「査読者1のコメント」、「査読者2のコメント」といった具合だ。各見出しの後には、要応答事項を、エディターのレターに載っていた順に網羅的に書いていく。行頭に「・」や番号を付したリストの形態が書きやすいだろう。直した点のそれぞれについて、問題点を簡略にまとめ、どう直したのかを書く。可能なら、修正原稿のページ番号も書いておく。修正部分をレター自体にコピペしてくる執筆者もいるが、これはエディターにとっては好都合だろう。

　レターを書く際には、直した部分より、直さなかったコメントについての説明に時間がかかる。そして、こうした箇所こそ、建設的で協力的なトーンが必要とされる。直した箇所同様、問題点を要約す

るところから始めること。それから、その問題点に対して何か行ったことがあれば(さらなる分析、新たな文献のリーディング、他の研究者との相談など)それらについて論じ、どうして最終的に直さないことにしたのかについて説明する。自分の見解を主張し、提案と真摯に向き合っていることを示すのに役立つなら、レターに、新たな分析、文献、表や図、統計解析をはじめとする各種の要素を含めてもよい。

その次にどうするか

せっかく修正しても不採用になることもある。そして、そういう事態は、ちょくちょく起こるわけだが、それはそういうものだろう。ただ、不採用よりは、採用になる可能性の方がはるかに高い。再度の修正を求められることもあって、特にエディターが新たな査読者に修正原稿を送った場合にはその可能性が高い。もちろん、修正原稿がすぐに採用になることもある。そして、原稿が採用という段になると、人生のたいがいの慶事同様、書類作成作業が待っていて、エディターか雑誌編集部から、書類関係の連絡が届く。書類に必ず含まれるのは著作権譲渡関係の契約書で、この契約書で、出版や配布をはじめとする諸権利が雑誌に与えられる。場合によっては、もっと別の書類、たとえば、研究が倫理上問題のないかたちで実施されたことを証明する書類が必要になることもある。こうした書類は、ただちに記入すること。たいていの雑誌には、便利な書類提出用オンラインシステムがあるが、郵便(たしかに信頼性については実証済みではある)で送付することになっている雑誌もある。

そのうち、雑誌から校正原稿が送られてくる。ラザニアを鍋からこそげとるように、原稿は徹底してチェックしよう。自分が若くて文章のスキルにも自信がないということもあり、プロなら自分のやるべ

きことをわかっているが、自分はマイナーなミスしか見つけられないと信じ込んでいる人もいるかもしれない。しかし、校正原稿というのは、おむつバケツや部室のカーペットと同じで、本当にクリーンであることはまずない。珍妙で嘆かわしいミスというのは必ずあるもので、僕の論文で、「aesthetic（美学の）」という単語が、全部、古英国風の「esthetic」の綴りになっていたことがある。僕は、雑誌編集部に、「雑誌のタイトルは『*Psychology of Aesthetics, Creativity, and the Arts*（美学、創造性、芸術の心理学）』で、綴りには「A」が入っており、雑誌は「Society for the Psychology of Aesthetics, Creativity, and the Arts（美学・創造性・芸術心理学学会、米国心理学会第10分会）から発行されている」旨を丁寧に指摘した。雑誌の編集担当者は、僕の論文の綴りは訂正してくれたものの、同じ号の僕以外の論文はそのままだった。いやはや。

資料9.5 に、校正原稿でよく見かけるミスを示す。校正というのは、すみずみまで目を配るべきで、それこそ著者注から表の注までなるべく丁寧に確認する必要がある。**資料9.5** に示したのは、特によく見かけるミスということになる。校正原稿には、通常、製作チームから著者への質問も書かれていて、一番多いのは、「in press（印刷中）」とした文献表示をアップデートしなくても大丈夫かという質問だろう。校正というのは、学術的文章の出版プロセスでもっとも時間に厳しい作業で、校正は、通常、48時間以内に出版社に戻す必要がある。著者としては、24時間以内に校正を終えるよう努力すべきだろう。

資料 9.5　校正のホットスポット

◆ 特殊文字、ギリシャ文字、統計記号、発音区別符号などは、うまく

表示されなかったり、文字化けしたりしがちだ。
- 表は、手入力されることも多く、数字が間違っていることがある。
- 表中の数値は配列が不揃いになりがちだ（桁揃えの箇所と左揃えの箇所が混在したりする）。
- 見出しの階層が間違っていることが多い。つまり、第一階層の見出しが第二階層になっていたり、その逆だったりする。
- ハイフン、エヌダッシュ、エムダッシュが入れ替わっていることも多い。
- 著者の名前、住所、順序については再確認すること。
- ありふれたタイプミス、文法の間違い、単語間や段落間のスペースの抜けが、たいていいくつかある。
- 図が解像度不足でぼやけていることがある。必要に応じて、解像度の高いファイルを製作チームに送付する。
- 熱狂的原理主義の編集担当者が、原稿中の短縮形を最後の1つに至るまで非短縮形に変えているかもしれない。呪いあれ。

9-4 自分以外の論文：原稿を査読する

　学術雑誌界隈に出没していると、エディターたちが山賊よろしく襲ってきて「原稿の査読」という物騒な一角へと連れ込まれる。エディターを務めたことがない限り、査読者を探すのがどれだけ大変かはわからないだろう。もっと厄介なのは、査読を引き受けておきながら、いつまでたっても着手しないことを誇る人たちまでいることだ。催促レター（査読を引き受けてから通常4〜8週間後に自動的に送付されることが多い）を受け取ってからおもむろに査読に取り掛かるという話もよく耳にする。二度と査読を頼まれぬよう、査

読はわざと遅らせていると率直に話してくれる人までいた。

　僕の見るところ、査読をほとんど引き受けなかったり、査読をわざと遅らせたりする人は、自分の論文に対する雑誌の対応が遅れたときに新生児よろしくわめき散らす人とおおむね一致するようだ。査読というのが、論文を査読する人がいて初めて成り立つプロセスである以上、論文を雑誌に投稿する人全員に、査読を引き受ける義務がある。つまり、雑誌のために査読を行うというのは、コモンズの古典的悲劇なのである。誰もがみな、雑誌に論文を掲載したがるのに、査読を引き受けてもよいという人は少ない。その結果、査読プロセスはどんどん遅れ、脆弱になる。

　投稿数が増えるにしたがって、査読すべき数も増える以上、原稿の査読数がだんだん増えていくのは当然だ。一応自分の場合について書いておくと、近年でいえば、雑誌のための査読を50〜70件行い、NIH（国立衛生研究所）の申請書評価委員会を2、3回引き受け、海外の助成金申請書をいくつか査読し、書籍の提案書や分担執筆書籍の各章や出版社向け原稿も評価して、といったところだろうか。これは、僕と同じ投稿数の場合に仲間の研究者が引き受けている仕

事量と比べると少な目なので、文句を言っているわけではない。

　原稿の査読を引き受けたら、1週間以内には終わらせるようにしよう。速いことには、メリットがある。まず、多くの面倒な作業同様、いつまでもリストに載せたまま後回しにして気にしているより、手早く仕上げてしまった方が楽だろう。第二に、エディターは、努力に気づいて感謝してくれるはずだ。どのエディターも、比較的短期間できちんと査読してくれる一流の査読者を非公式にリストアップしているものだし、雑誌の編集委員や副エディターを誰かに依頼しようというときには、こうしたリストが生きてくる。まじめに査読すると、さらに査読がまわってくるというのは、「正直者は馬鹿をみる」を地で行くように思えるかもしれないが、雑誌の運営に携わるのは、自分の分野の学術団体を担い、公平な分担を引き受けることだと考えるべきだろう。最後に、査読というのは、自分の原稿をジャッジすることにもなるエディターの面々に、自分の洞察力、プロフェッショナリズム、コミュニティ志向などを伝えるよい機会となる。

　原稿の査読は難しくない。査読を始めたばかりだと、不安だったり、自信がなかったりするために、細かい問題点も含めての長大な項目リストを作製してしまいがちだ。しかし、長大な査読を書くというのは、神経質に見えるだけでなく、査読者にとって時間の無駄だし、読まされる側のエディターや著者にとっても扱いが難しい。査読のコメントを書くときには、大きな事柄に焦点をあてるべきだろう——この研究は重要だろうか？　この研究はこの分野にインパクトを持つだろうか？　この研究はこの雑誌にふさわしいだろうか？　「序論」という小切手に「方法」や「結果」で現金化できない事柄が書かれていないだろうか？　概念把握、方法、分析などに重大な欠点はないだろうか？　原稿を1行ずつ読んで、不具合な点を逐一チェックしていく行単位での校正作業が求められているわけで

はない。時間があるなら、タイプミス、文献の抜け、文体や文法の不統一を指摘してもよいが、主たる目標は、科学として重要な問題にフォーカスすることの方だ。

　他の人の書いた原稿を査読するときには、「自分がされたくないことは、自分もしない」という基本原則を忘れないこと。鉄の鞭で打たれたくないのは誰しも一緒だろう。そのうち、査読をする側にまわることもあるだろうが、批判はニュートラルなかたちで行うこと。人を馬鹿にする態度や慇懃(いんぎん)な態度からは何も得られない。僕は迷信家でもあるので、不運な執筆者に建設的な批判を行うというボランティア行為が、まわりまわって自分のところに返ってくることを願っている。ともかく、匿名で嘲(あざけ)ったり弄(もてあそ)んだりというのは、査読ですることではない。

結　論

　よい原稿が不運に見舞われ、その理由が著者が論文の発表プロセスをうまく乗り切れなかったからというのは痛ましい。エディターや査読者は、幸か不幸か、各分野の門番であるとともに、各分野の嗜好を司る存在でもある。研究の発表に漕ぎつけるには、ベストを尽くして最良の原稿を送り、たとえ不条理に感じられることがあったとしても、職業人として修正プロセスに建設的に取り組む必要がある。もし保育園や幼稚園の先生が、子どもが金切り声を上げようが、フィンガーペインティングに興じようが、喧噪(けんそう)のなかで毎日冷静を保っていられるのだとすれば、何人かの同業者が研究についての匿名のコメントを送ってきたとしても、建設的かつ協力的なかたちで対応できるはずだ。そんなわけで、本章はここまでにしたい。さあ、マニコッティの時間だ。

第10章 論文は続けて書く：実績の作り方

　科学は多くの意味でポップミュージックに似ている。一発屋がたくさんいるのもそうした類似点の1つだ。どこからともなく現れた若手が衝撃的な内容を発表したまではよいものの、その後何十年か、地方の学会や見本市のような周縁的な場所をウロウロするといった事態である。どうすれば、こうした事態を避けられるだろう。学術的文章に関しては、どんなに優れた論文であっても、論文1本だけが影響力を持つことはないという厳しい現実がある。注目を集め、人々の思考を変容させるには、通常、いくつもの関連論文がプログラムとして引き続き発表されて「企画のネットワーク」（Gruber, 1989）のような状態となることが必要だ。もちろん、僕らが書く論文のすべてがヒット作になるわけではないにせよ、誰も有名な論文を1本だけ書くために科学の世界に足を踏み入れたりはしない。どこかの一角で有名であることも心地よいだろうけれども、ポップスターと同じで、研究者たるもの、作品1本ではなく、一連の作品群の展開を目指すべきだ。

　本章では、学術的文章の執筆について長期的に考える。どうすれば、研究プログラムを展開し、そのプログラムに関心を集めることができるのだろうか。何が、書くに値しないのだろうか。どうすれば、こうした執筆を成し遂げることができるのだろうか。

10-1 「1」は孤独な数字

　インパクトというのは、論文の「系列」、つまり同じトピックを扱った関連論文何本かがあって、初めて得られる効果だと言える。成功を収めた研究プログラムには、衝撃的なスタートを切ったものが多い。最初の論文がもっともよく知られているというケースだ。しかし、そびえたつ孤立峰——著者がその後振り向きもしなかったような単独の影響力のある論文——というのは、ほとんど見かけない。理想を追い求めるというところでは、僕は論文がその質のみをもって輝き続けることを望んでやまないが、現代の社会科学では論文がひしめきあっている。何本も続けて発表すれば、単純に量的効果によって注目されやすくなるだろう。いくつかの雑誌に何年にもわたって掲載されていれば、いやでも目にとまる確率が上がるからだ。単に量が増えるという以外にも、論文が何本も続くということで、読者に対し、著者が自分のアイデアに傾倒していて、何年もかけて研究するだけの重要性があると考えていることが伝わる。研究者によっては、トピックからトピックへと気まぐれに跳び移った結果、妙なごたまぜの論文履歴を有する人がいる。読者からすれば、産みの親が続けて研究する意義を見い出さなかった程度のアイデアを、なぜ自分が研究しなければならないのかわからないということになる。そして最後に、同じトピックで論文が何本も出てくることで、そのアイデアの豊かさが実証される。どのような意義や拡張性があり、どのような媒介や境界があるのかを示すことは、読者に対して、そのアイデアで何ができるのかを示し、読者のインスピレーションを喚起することにほかならない。

　したがって、研究アイデアについて考えるときは、アイデアが拡張されることを見越して早め早めに計画を立てる必要がある。初心

第 10 章　論文は続けて書く：実績の作り方

者に共通の狭い了見は、単にどこかの雑誌に掲載可能な研究について考えようとすることだろう。1 章でも検討したように、戦略的な執筆者は、研究計画を立てるときも、研究について考えるときも、特定の対象読者層や特定の雑誌向けの論文を念頭に置いている。本書では、より一般的に考えることを提案したい。孤高の論文 1 本だけについて計画を立てるのではなく、一連の研究——当初のアイデアを発展させながら精緻化していくような、互いに関連する論文のネットワーク——について計画を立てよう。何も、今後の 17 本の原稿について立案しようというのではない。数については、「1」でさえなければ十分だろう。

　当初のアイデアを長期的プログラムへと展開していくのは、意外に時間のかかる作業だし、その過程では、関連論文に向けての新たなアイデアをいくつも思いつくはずだ。驚かれるかもしれないが、創造性をめぐる研究を通してわかってきたのは、クリエイティブなアイデアを想起すべく熟考すること自体に効果があるということだ（Christensen, Guilford, & Wilson, 1957 など）。そうではなく、「しゃべり始めてはみたものの、言葉につまった」というような厄介な展開になることもある。アイデアには、プログラムの礎石にはならず、論文 1 本分でしかないようなものもあるということだ。いずれにしても、こうして考える過程で大切な何かを学びとったわけで、当初のアイデアが思ったより豊かなものだったのか、不毛なものだったかのかも納得できるはずだ。もし、一連の論文をきっちり思い描けたとすれば、そのアイデアには注目を集めるだけのポテンシャルがあるかもしれず、思い描けない場合は、そのアイデアには時間をかける価値があるかもしれないものの、それだけの価値が本当にあるかどうかについては、もう少し現実的に評価した方がよい。

10-2 インパクトを高める方法

峻別は大事

　僕らの人生は、思いつく限りのすべての仮説——人の頭に楽しげに入り込んできたあげくに、カーペットにテープで留めた延長コードに引っかかってよろけてしまうような思いつきのすべて——を検討するには忙しすぎるし、短すぎる。アイデアをきちんと峻別できれば、その人が発信する文章は、総体としてインパクトが高くなるはずだ。よい発想だけ取り組むことで、文章総体としての質もよくなり、研究時間を上手に利用できるようにもなる。僕は、自分が思いついたアイデアは、どんな些細なことでも、まず全部メモにしている。そうすることで、アイデアが頭の中の別々の「書類の山」に振り分けられる。

- 1つ目は、「絶対やる」の「山」だ。思いつく限り最良のアイデアで、自分が気にかけている問題にも直結しているようなアイデアが、この「山」に入る。こうした研究アイデアは、自分の考えにピッタリ合った研究アイデアで、トップジャーナルへの投稿も想定できる。この「山」のアイデアは、ラボで共有している文書ファイルに記入しておくので、みんなが見られるし、手直しすることもできる。
- 2つ目は、「たぶんやる」の「山」だ。ぜひ取り組みたいけれども、1つ目の「山」ほどの緊急性や重要性はなさそうというものがここに入る。こうしたアイデアが、「絶対やる」のアイデアを発展させたり精緻化したりするものである場合も多い。
- 3つ目の「山」は、「時間が許せば」の「山」だ。なかなかよさ

第 10 章　論文は続けて書く：実績の作り方

そうだけれど、時間のことを考えると躊躇してしまうようなアイデアがここに入る。通常、共同研究者や学生が感銘を受けて、率先してやりたいと言い出したときにのみ実現する。
- 4つ目の「山」は、「コンポスト」の「山」だ。僕の中にある邪悪で不合理な部分に訴えかけてくるけれども、研究としてやるようなことではないものがここに入る。この「山」の価値は、すべてのアイデアに取り組む価値があるというわけではないことを教えてくれることぐらいだろう。

研究のアイデアだけでなく、何を書くかについても、きちんと峻別すべきだろう。「絶対やる」のアイデアが、すべて首尾よく終わるとは限らない。ファイルキャビネットにも、コンピュータの記憶装置にも、不首尾に終わった研究、辻褄が合わなかった研究、何がどうなったのかさっぱりわからない研究などが溢れている。論文さえ発表できればよいという人は、何でもよいから、どこでもよいからということで投稿しようとするが、これは無謀というものだ。人生の隠れたコストの筆頭といえば逸失利益なわけで、僕らができることに限りがあるのだとすれば、何かに取り組むというのは、それ以外のことをあきらめることにほかならない。それに、すっきり終わ

らなかった研究は、公表する段階でもバタバタする。よい原稿が結果的に時間も手間もあまりかからないのに対し、弱い原稿は、雑誌をたらいまわしにされ、ひたすら書き直しを繰り返して、ようやく雑誌に掲載されても知にもインパクトにもろくすっぽ貢献しないのである。効率だけから言っても、ひよわなプロジェクトは、荒野に送り出して、捕食者の餌食にされ、本来なら仲間であるはずの動物からまで無視されるような状態に追い込むより、退場させた方がよいことがわかるだろう。

どういう徴候があったときに、雑誌への掲載を見送るべきなのだろう。いくつか例を挙げると、「方法」に深刻な欠点がある、「結果」に「読んでよかった」と感じられるようなメッセージがない、得られた知見に再現性がありそうにない、「結果」とメッセージがうまくつながらない(別目的で集めたデータが、論文の議論とうまくフィットしないせいであることが多い)といった場合には、論文の投稿はあきらめた方がよい。査読者が気づかぬことを願いつつデータの見てくれを整え、プロジェクトの弱点を隠して投稿するという手もあるだろう。でも、僕が保証する。査読者は絶対気づく。たとえ査読者が気づかなくても、読者が気づいて執筆者が一気に信用を失うという無慈悲な未来が待ち受けている。

よい著者は、「何を発表しなかった」かを誇るべきだ。何でも発表するというのでは節操がなさすぎる。シェフが、「失敗作は厨房から出すな」と言うのと同じことだ。

レビュー論文(総説)を書こう

小型の研究プログラムを学術論文として発表できたら、次はそれらをレビュー論文にまとめることを考えるべきだ。レビュー論文への注目度は高い。その分野で研究を始めようという人たちも、大学

第 10 章　論文は続けて書く：実績の作り方

院のゼミで輪読を計画している人たちも、不慣れなトピックについての講義を準備している人たちも、まずはレビュー論文を手にとるものだ。この傾向は以前からあったが、たぶん強まっている。フォローしておかねばならない一次論文が多すぎるからだ。ということで、それらを抽出したレビュー論文が必要とされている。

「レビュー論文」という名称は、こうした論文の目標が単に他の研究者が実施した研究をレビューすることではないことからすると、不適切な名称なのかもしれない。実証論文同様、レビュー論文でも、きちんと筋の通った主張をすることが肝要ということだ。よくできたレビューは、特定の立場を提唱し、文献を双方の側からレビューし、実証論文にはなかなか盛り込めないニュアンスを伝え、文献が目指すべき方向を指摘する。Baumeister & Leary（1997）は、レビュー論文を執筆するにあたっての優れたアドバイスを挙げている。彼らのレビュー論文のいくつかは、何千回以上も引用されているくらいだから、彼らはこうしたことについて熟知している。

レビュー論文を書いたことのあるたいがいの研究者は、自分の論文のなかで一番引用数が多いのがそうしたレビュー論文であることに気づいているはずだ。だから、レビュー論文を書こうと考える研究者が少ないことは、僕にとっては常に驚きだ。1つの理由が仕事量であることは間違いないだろう。長いレビュー論文を書こうと思ったら、とてつもない時間がかかる。でももしかすると、自分の言いたいことの大半を、書籍の分担執筆で書いてしまっているというのも理由の1つなのではないだろうか。書籍の分担執筆はレビュー論文と同じくらいの時間食い虫だが、インパクトは低い。

新たな領域での研究を計画しているときには、仮想のレビュー論文が、研究プログラム用のアイデアを思いつくためのツールとして使える。もし、自分がレビュー論文を書くとしたら、どんなことを検討しなければならないだろう？　どんな問題に、どんな方法で取

り組まなければならないだろう？ 文献には、どんな新しい発想を吹き込まなければならないのだろう？ そういったことを考えて、実際に研究を行おう。そして、レビュー論文を書こう。

共同研究をしよう

共同研究を行うと、実施できる事柄の範囲が広がり、生産性の高い仲間が集うネットワークができる。3章で、共同研究者はよく考えて選ぶべきだという、何度繰り返しても繰り返し足りない注意も含め、共同研究についていろいろ述べたので、ここでは、単純に仲間と一緒に仕事をすることで得られる多くの利点について確認しておきたい。強力なチームの場合には、時間、リソース、専門技能がプールされるので、1人では難しいプロジェクトも遂行できるし、何年か他のエキスパートと一緒に仕事をしていると、建設的な意味での謙遜、つまり、自分が得意なことと他のメンバーの方が得意なことをうまく評価するスキルが身についてくる。そして最後になるが、チームがある程度大きくなってくると、たぶん誰かがベーグルを持ってくる。

コミュニティを組織しよう

研究領域というのは、たいがいは細分化されている（したがって、細かい技術的問題だから、あるいはあまり知られていない問題だからといった理由で、科学の鋭い目から逃げおおせられるような問題は存在しない）。読者層の規模が大きい場合でも、個々の論文は、陽気な研究者のバンドがワイワイガヤガヤと作成していることが多い。このバンドを、自分たちの研究をプロモートする魅力的な活動や団体へと組織することで、自分自身の研究を進めることもできる。わ

かりやすい例としては、雑誌の特集号や学会のセッションを提案するといった例があるだろう。メーリングリストやSNSのページを作成して、参加者が作業を共有しやすいようにすることもできる。もっとも、この場合、興味を持ってくれた研究者をつなぐだけでなく、彼らに科学を口実にしてウェブで時間を浪費することを奨励することにもなりかねない。そして、もし自由になる時間と団体運営の手腕を持っているようなら——ただし、この2つのことだけは、間違っても学部長に悟られたりしてはならないが——プレカンファレンスや、独自の会議や、自分の研究領域に特化した学会を組織することもできる。

見解の不一致を歓迎しよう

論文が雑誌に載ると、今度は、その論文が別の論文で引用されていたり、議論の俎上に載せられていたりするのを目にすることになる。自分の研究が引用されているのを初めて目にすると、妙な感じがするものだ。ようやく論文を読んでくれる人に届いたという感じと、印刷まで済んでしまったらもう内容は変えられないという感じだろうか。そして、最終的には、自分の研究が容赦ない筆致で言及されている様子を目撃することになる。そうした言及には、マイナーな限界や見落としを穏やかに指摘するものもあるが、ランニングヘッド以外のすべてをこきおろすような辛辣なものもある。

不一致はよいことだ。論文の批判者というのは、批判のしかたは千差万別だとしても、研究に特段の興味を持ってくれていることが多い。その意味では、彼らこそ、プログラムの成り行きを見守り、論文を読み、その影響のもとで研究を行ってくれる可能性のある人たちだと言える。人間には小心者の側面もあって、ついつい批判者をけなしたくなる。でも、批判者にはむしろエールを送るべきだろ

う。彼らは、「かじる」ことはあっても、「かみつく」ことはない。彼らこそ、よい仲間にも、よい共同研究者にもなってくれるのではないだろうか。

自分の研究用に外部資金を獲得しよう

　研究助成金をすでに得ている人が、「なぜ外部資金を獲得する必要があるのですか」といった自明な問いに答えるのは、案外難しいのかもしれない。猫の飼い主に、「なぜ猫が好きなのか」と尋ねるようなもので、実際に経験してみて初めてわかることもある。せちがらい話になるが、助成金の申請書が書かれる理由は3つある。第一に、助成金の申請書は、困窮してホームレス状態にならないために書かれる。もし、ソフトマネー・ジョブに就いていたり、テニュアであっても外部資金が必要な部局で仕事をしていたりすれば、僕が何のことを言っているのかすぐわかるはずだ。助成金を得るのは、科学上のプライドがどうこうというより、食いつめないためだ。大学院修了後にそうした職に就く予定があるなら、カップ麺が出てくる打ち手の小槌を、卒業時に自分の同輩に譲ったりしないことだ。第二に、助成金の申請書は、よいアイデアを実現する資金を得るために書かれる。理由は自明だが（スタッフの採用、研究参加者への支払い、機器類の購入など）、外部資金なしでは立ちゆかない研究もあるわけで、助成金が得られれば、発展的で刺激的な研究を行える。そして最後に、助成金の申請書は、研究プログラムについて、しっかり考えをまとめるためにも書かれる。申請書を執筆するメインの理由がこれでは困るが、助成金を得られなくても、書いた意味はあるという意味での残念賞といったところだろう。学ぶために書くというアプローチと一緒で（Zinsser, 1988）、3～5年分の研究について書いてみるのは、自分のアイデアがどの程度のものかを見きわめ

るよい方法だ。

　外部資金は、自分の部局では必要としていないような場合でも、なんとか獲得したいところだ。助成金の申請書を書くことで、世界が広がるし、研究の幅を広げられる。そして妙なことだが、仮に申請が不採用になったとしても、それなりの満足感が得られる。僕は、額や、仕組みや、スポンサーはあまり気にしていない。助成金には、もらえた助成金ともらえなかった助成金の2種類しかない。450,000ドルの助成金を連邦機関に断られても、小さな財団から450ドルの助成金をもらえれば、必要な装置を購入できるし、前に進める。

10-3 やめておいた方がよい執筆

　書くための時間が潤沢にあることなどまずない以上、何を書くかを選ぶ必要がある。以下の執筆は、やめておいた方がよいこともある。

書籍の分担執筆

　ドロシー・ビショップは、一風変わったケーススタディ（Bishop, 2012）を行って、自分の発表論文について分析した。この研究で、ビショップは自分の論文を書籍に分担執筆した文章、雑誌の実証論文、雑誌の概念的・レビュー論文の3つに分類したのだが、結果といえば、「単純に言って、書籍の分担執筆をするくらいなら、論文を書いてから穴を掘って埋めておいた方がよい」というものだった。雑誌に掲載された論文は、実証論文であれ、概念的論文であれ、引用数で書籍に分担執筆した文章をはるかに凌駕していたのである。このパターンは、僕の研究についてもあてはまる。僕が分担執筆した文章のいくつかは、掘り出すのに洞窟探検用の道具が必要なほど深く

埋まっていた。この傾向は、伝統的な査読つき雑誌に、書籍、会議のプロシーディング、オープンアクセスのアウトレットより重きを置くような分野で仕事をする限り、ほぼ全員にあてはまるのではないかと思う。

　書籍に分担執筆した文章は、なぜ埋没してしまうのだろう。これには、いくつもの理由があるだろうが、僕はビショップ（2012）がうまく言い当てていると思う。

> 　アクセスが問題なのだと思う。その章がどんなによく書けていても、読者がその本にアクセスできなければ、見つけられない。以前であれば、読者が図書館でその本に遭遇するというわずかな希望がなくはなかったが、最近は、インターネットからダウンロードできない論文には、ほとんど誰も見向きもしない。

　学術論文は、世界中のどこからでもオンラインで簡単にアクセスできる。一方、分担執筆した書籍の場合、オンラインデータベースで閲覧できるようにしている出版社もあるものの、通常は、書籍を読もうと思ったらキャンパスを横切って図書館まで出向かねばならないし、図書館の本棚にはたくさんの書籍が、シェルターに保護された犬たちよろしく外に連れ出してもらうのを待っている。

　インパクトという点だけから言っても、書籍の分担執筆への誘いについてはしっかりと考えた方がよい。しかし、書籍の分担執筆には他にも問題があって、社会科学、教育科学、健康科学の大半では、書籍の分担執筆は、学術論文より業績としての価値が低かったりする。それに、書籍の分担執筆には締め切り――多忙な教員の命取りともなる――もあるわけだが、この締め切りというのは、「時間」と「やる気」がないときにやってくるものだ。分担執筆を行き場のないデータや焼き直しのデータの捨て場だと思っている読者も多いし

第 10 章　論文は続けて書く：実績の作り方

(当たらずとも遠からずかもしれない)、そういう人は、分担執筆に期待しないようだ。最後に、分担執筆する書籍の章は学術論文よりはるかに長くなるのが常なので、執筆に要する時間のわりにインパクトが低くなってしまう。

　では、こうした惨憺たる分担執筆を、なぜ引き受けるのだろう。資料10.1 に、あえて引き受ける意味があるかもしれないケースを挙げてみた。もし、自分自身の研究について書くのなら、楽に速く書けるし、書く作業自体に興味を持てるはずだ。そして、自分や多くの読者にとって知的に満足できるかたちで思考し、文章にまとめることができるはずでもある。もし、まだテニュアの職に就いておらず、プロジェクトがおもしろそうに見えるなら、どんどん分担執筆を引き受けよう。執筆を通じて他の研究者とつながりができるし、研究が注目されていることを示すこともできる。でも、時間がなく、もっと他に書かねばならない案件があるなら、よく考えよう。僕は、いただいた誘いの大部分を断っている。断る際は、候補に挙げてもらったことを編者に感謝したうえで、執筆案件をたくさん抱えていて執筆を引き受けられないことを述べた簡単な電子メールを出せば十分だろう。いずれにしても、編者が遅滞なくプロジェクトを進行できるよう、受けるか断るかはすぐに返答しよう。

資料 10.1　書籍の分担執筆を引き受ける理由

- 貴重な書籍になりそうだ。プロジェクトに参加すること自体に意義がある。
- 編者が友人だったり、借りのある人物だったりする。
- 研究室に、自分が助言すれば中心になって執筆を進められる大学院生がいて、ちょうどよい執筆の機会になる(「この原稿を君らで書い

229

て、書けたら持ってきたまえ」というパターン)。
- ◆ 執筆に使える時間がふんだんにあり、書かねばならない論文を貯めていない。分担執筆を引き受けたせいで、他のもっと重要なプロジェクトにしわよせが行かない。
- ◆ 分担するのが、自分の研究やアイデアをめぐっての章なので、内容を熟知している。
- ◆ びっくりするような金額を支払ってくれる。

百科事典、書評、その他

　年季の入った研究者なら、何かを知りたくなったときには目を輝かせて本棚に直行し、百科事典や辞典を手にとってページをめくっていたころのことを覚えているだろう。こうした書籍は、時計がゼンマイでなく小型電池で駆動されるようになり、科学や技術の最新トレンドに人々が群がっていたころには、自分だけ取り残された気分にならずに済むよい方法だったし、おおいに人気を博していた。出版社は、百科事典や専門のトピックに特化した辞典をいまだに出版しているし、こうした出版物では、各項目を専門家が執筆することが必要だ。図書館も、まだ、こうした出版物を購入することで、実際の読者数はともかく、さまざまな人々の利用を保障している。しかし、こうした出版物は、すべてとはいわないが、少なからぬ部分が地球上から消えてしまうのではないかと思う。なんとも残念だが、それが現実なのかもしれない。こうした書籍はすばらしい存在だ。学生諸君には、怪しい情報の渦巻くインターネットではなく、各項目を専門家が執筆している本格的な文章を使って調べ物をしてもらいたい。百科事典や辞典のために短い項目を書くことには、重要度がもっと高い執筆プロジェクトにしわよせが行く以外、特に問

第 10 章　論文は続けて書く：実績の作り方

題はない。時間を上手にやりくりしよう。

　書評も、少し変わった文章の発表形態だ。僕は、書評を書くのが楽しくてしょうがない。読みたい本を読み、熟考することを余儀なくされるからだ。でも、書評は不特定多数の読者に届く。そして、本の著者というのは、たとえその書評が輪転機で印刷された地域ニュースに載った場合であっても、必ずその書評を読んでいる。大嫌いな本であっても、本を酷評するときには、よく考えること。また、書評の執筆というのは、驚くほど時間がかかる。なので、本を読むのが本当に好きでないなら、書かないこと。

　さて、最後が短命な文章、つまり、アーカイブにも入らずカタログにも載らないという「何でもあり」の文章群である。こうした文章としては、自分のブログのエントリー、誰かのブログへの投稿、ニュースレター（学科単位の貧相な発行物から何千人もの研究者に届く専門家集団の定期刊行物に至るまで各種）のエッセイなどが挙げられる。こうした刊行物は、査読を受けることもなく——もっとも、ブログのコメント部分のけばけばしい物言いをある種の査読と見なしたり、研究仲間たちが不法者の暴漢であるなら別だが——驚くほど多くの読者に届く。僕の最良の文章は、何編かがこの範疇の文章だし、僕が雑誌に書いた論文より、自分のブログに投稿したり、ニュースレターに書いたりした文章の方が読んでくれた人数は多いのではないかと思う。とはいえ、こうした短命の文章は、インターネットがらみの文章のご多分に漏れず、とんでもない時間泥棒だ。具体例を挙げるなら、ブログを運営していると、それ以外の事柄は、どんどん後回しになる。書くのが楽しいし、表面的には生産的でもあるわけだが、犠牲になるのは重要な執筆作業の方だ。学術論文を軽んじるなかれ。

10-4 どうやって全部書くか

　書き終えたばかりの論文がとんでもない難産で、論文など金輪際書けそうにないという気分でいるとしても、とりあえず落ち着こう。大丈夫、書ける。たいていの人は、困った習慣や考え方が身についてしまっているから書けないだけだ。「まとまった時間がとれるまで」「インスピレーションが湧いてくるまで」「書けそうな気がするまで」「終日、家にいられる日まで」「机の上が片づくまで」といった言い訳——良心にさいなまれることなく執筆を先延ばしにできる言い訳——を自分でこしらえて、それが解決するまでは書けないと信じているから書けないだけだ。でも、ほんの少し習慣を変えて、毎日確実にルーティンをこなしていくだけで、文章というのはたくさん書ける。

　執筆をどう効率的に行うかというのは、それだけで本一冊まるごとのテーマになるような事柄だ。僕の『*How to Write a Lot*（できる研究者の論文生産術——どうすれば「たくさん」書けるのか）』（Silvia, 2007）もそうした一冊なのだが、時間管理、優先順位、習慣の改善といった事柄を扱った本は他にもある（Boice, 1990; Goodson, 2013; Lambert, 2013 など）。そして、自分で思っているほど僕らは時間を管理できていないというのが僕の見解だ。理屈から言っても、経験から言っても、ウィークデイにポロッと空いている執筆時間を見つけられるはずなどないのに、見つかると信じている人が大半だったりする。もちろん、僕らの時間というのは、学生や院生の教育、雑務の数々、大至急鎮火しなければならない「火」や点火しなければならない「火」、増え続けるメールの山といった、「時間泥棒」どころではない「時間強盗」たちによって埋められていくわけだ。

　仕事の時間帯が基本的にカオスとも言うべき混乱状態なのだとす

第 10 章 論文は続けて書く：実績の作り方

れば、細かい時間管理システムを採用したり、1 週間を超える暫定目標を設定したりすることに意味はないはずだ。論文を書こうと 6 週間分や 8 週間分の目標を立てる人たちがいる。「「序論」に 2 週間、「方法」に 1 週間、「結果」に 2 週間…」といった具合なのだが、こうした計画はたいてい破綻する。理由は、採点の締め切り、ウェブでの調べもの、駐車場管理委員会関連での副学長補佐のこまごました手伝いといったものだ。

　僕らは、自分の自由になる部分などほとんどないという事態を受け入れたうえで、自分の自由になる部分、つまり自分自身の行動という部分をコントロールする必要がある。執筆にあてる時間帯を選択し、その時間が来たら机に向かって執筆を開始し、その時間が終わったら執筆をやめる。執筆をスケジュールに組み込むことは、「文章をたくさん書く人が、どうやって文章をたくさん書いているか」そのものだ。執筆をスケジュール化することで、書くための時間が確保され、執筆作業が、労働時間中の雑務やカオスから保護される。そして、何週間か後には、その時間にその場所で執筆することが揺るぎない習慣となって、もはや執筆は、選択したり、望んだり、したいと思ってしたりするものではなくなり、歯を磨いたり、時計のネジを巻いたり、「いまどきの若いもんときたら」とブツブツ言ったりするのと同じく、単なる習慣的反射になる。

　まずは試してみよう。週 4 〜 6 時間を執筆にあてるところから始めるのがよいと思う。週 4 時間あれば、書きたいものの大半は書けるはずだし、たいがいの人の執筆時間を凌駕できる。自分でも驚くほどの量を書けるはずだ。

233

おわりに

　僕らが教える側の経験を通して知り抜いているように、人に魚を与えても1日しかもたないのに対し、魚のとり方を——できればパワーポイントのスライドや、レポートの提出や、歴史や理論の講義も交えて——教えれば、仮に後で魚類学の教科書を売りとばすにせよ、1学期くらいはもつだろう。本書では、「こうしておけば間違いない」という経験則を理由も交えて要所要所で伝授しつつ、「魚を与える」のと「魚のとり方を教える」の両方を試みた。人生は短い。論文や書籍の刊行プロセスを試行錯誤で身につけていったのでは、時間が足りない。そうしたプロセスは、自分以外の誰かの失敗を通して身につける方が——特に、その失敗が、思いっきり恥ずかしかったり、思いっきりおかしかったりする場合は——簡単だ。とはいえ、執筆をめぐっては、自分ならではの見識を育てていかないと、賢明な判断など到底不可能な事柄も多い。つまり、実践を積んで、幾度も不採用にならないとわからないこともあるということだ。

　本書では、いくつかのテーマを展開した。単に発表すればよいというのではなく、インパクトと影響力がある文章を書かねばならないし、その文章を執筆したことで生じる逸失利益を自覚して、何を書くかをきちんと選択すべきだし、文章を書く作業を単に研究過程の1工程ではなく、技能、つまり尊敬すべきスキルと見なすべきだし、投稿先選びから文献の選択に至るまで、思慮深い態度で執筆にともなう各種の判断に備えておかねばならないし、些細な事柄も手を抜くことなく、かっちり仕上げなければならない。

　心理学者というのは、無愛想な連中だ。それもこれも、「まわりじゅうが自分のことを聞き上手だというから、心理学を専攻すること

おわりに

にした」と言うわりに、読めと言われた宿題については聴く耳を持たない学生たちを相手にしてきたからだろう。ということで、この学術的文章の執筆と出版という冥府世界の旅も、両頬に厚かましく接吻するのではなく、無愛想に軽い会釈で終えたい。本書の各章には、現場の塹壕（もちろん査読つき！）で、長年見聞きしてきた内容の大半をまとめてある。ここからは、皆さんが執筆に取り掛かって自分の塹壕を掘る番だ。大きな水筒を持参すること。もし掘り進んだ塹壕が僕の塹壕と交差することがあったら、会釈してくれたまえ。

文　献

Adair, J. G., & Vohra, N. (2003). The explosion of knowledge, references, and citations: Psychology's unique response to a crisis. *American Psychologist, 58*, 15–23. doi:10.1037/0003-066X.58.1.15

American Psychological Association. (2010). *Publication manual of the American Psychological Association* (6th ed.). Washington, DC: American Psycological Assosication.（アメリカ心理学会（APA）（著）『APA 論文作成マニュアル（第 2 版）』前田樹海，江藤裕之，田中建彦（訳）　医学書院　2011）

Arkin, R. M. (Ed.). (2011). *Most underappreciated: 50 prominent social psychologists describe their most unloved work*. New York, NY: Oxford University Press.

Atkinson, J. W. (1964). *An introduction to motivation*. New York, NY: Van Nostrand.

Baker, S. (1969). *The practical stylist* (2nd ed.). New York, NY: Thomas Y. Crowell.

Bartneck, C., & Kokkelmans, S. (2011). Detecting h-index manipulation through self-citation analysis. *Sciento metrics, 87*, 85–98. doi:10.1007/s11192-010-0306-5

Batson, C. D. (1975). Rational processing or rationalization? The effect of disconfirming information on a stated religious belief. *Journal of Personality and Social Psychology, 32*, 176–184. doi:10.1037/h0076771

Batson, D. (2011). Bet you didn't know I did a dissonance study. In R. M. Arkin (Ed.), *Most underappreciated: 50 pro minent social psychologists describe their most unloved work* (pp. 208–212). New York, NY: Oxford University Press.

Baumeister, R. F., & Leary, M. R. (1997). Writing narrative literature reviews. *Review of General Psychology, 1*, 311–320. doi:10.1037/1089-2680.1.3.311

Beall, J. (2012). Predatory publishers are corrupting open access. *Nature*,

489, 179. doi:10.1038/489179a

Bem, D. J. (2011). Feeling the future: Experimental evidence for anomalous retroactive influences on cognition and affect. *Journal of Personality and Social Psychology, 100*, 407–425. doi:10.1037/a0021524

Bennett, C. M., Baird, A. A., Miller, M. B., & Wolford, G. L. (2010). Neural correlates of interspecies perspective taking in the post-mortem Atlantic salmon: An argument for proper multiple comparisons correction. *Journal of Serendipitous and Unexpected Results, 1*, 1–5.

Benton, D., & Burgess, N. (2009). The effect of the consumption of water on the memory and attention of children. *Appetite, 53*, 143–146. doi:10.1016/j.appet.2009.05.006

Berlyne, D. E. (1960). *Conflict, arousal, and curiosity*. New York, NY: McGraw-Hill. doi:10.1037/11164-000

Bhattacharjee, Y. (2013, April 26). The mind of a con man. *The New York Times Sunday Magazine*, p. MM44.

Bishop, D. (2012, August 29). *How to bury your academic writing*. Retrieved from http://deevybee.blogspot.jp/2012/08/how-to-bury-your-academic-writing.html

Bohannon, J. (2013). Who's afraid of peer review? *Science, 342*, 60–65. doi:10.1126/science.342.6154.60

Boice, R. (1990). *Professors as writers*. Stillwater, OK: New Forums.

Brehm, J. W., & Cole, A. H. (1966). Effect of a favor which reduces freedom. *Journal of Personality and Social Psychology, 3*, 420–426. doi:10.1037/h0023034

Bridwell, N. (1966). *Clifford takes a trip*. New York, NY: Scholastic.（ノーマン・ブリッドウェル（著）『クリフォード　なつのおもいでの巻』もき かずこ（訳）　ソニー・マガジンズ　2005）

Brown, C. (1983). Topic continuity in written English narrative. In T. Givón (Ed.), *Topic continuity in discourse* (pp. 313–341). Amsterdam, the Netherlands: John Benjamins. doi:10.1075/tsl.3.07bro

Brysbaert, M., & Smyth, S. (2011). Self-enhancement in psychological research: The self-citation bias. *Psychologica Belgica, 51*, 129–137. doi:10.5334/pb-51-2-129

Carey, B. (2011, November 3). Fraud case seen as a red flag for psychology research. *The New York Times*, p. A3. Retrieved from http://www.

nytimes.com

Chen, I., Wu, F., & Lin, C. (2012). Characteristic color use in different film genres. *Empirical Studies of the Arts, 30,* 39–57.

Chenoweth, E., & Stephan, M. J. (2011). *Why civil resistance works: The strategic logic of nonviolent conflict.* New York, NY: Columbia University Press.

Christensen, P. R., Guilford, J. P., & Wilson, R. C. (1957). Relations of creative responses to working time and instructions. *Journal of Experimental Psychology, 53,* 82–88. doi:10.1037/h0045461

Cooper, H. (2010). *Reporting research in psychology: How to meet journal article reporting standards.* Washington, DC: American Psychological Association.

Cooper, J. (2011). What's in a title? How a decent idea may have gone bad. In R. M. Arkin (Ed.), *Most underappreciated: 50 prominent social psychologists describe their most unloved work* (pp. 177–180). New York, NY: Oxford University Press.

Cooper, J., & Jones, E. E. (1969). Opinion divergence as a strategy to avoid being miscast. *Journal of Personality and Social Psychology, 13,* 23–30. doi:10.1037/h0027987

de Carle, D. (1979). *Complicated watches and their repair.* New York, NY: Bonanza Books.

Dempsey, P. (2008). *Small gas engine repair* (3rd ed.). New York, NY: McGraw Hill.

DeWall, C. N., Lambert, N. M., Slotter, E. B., Pond, R. R., Deckman, T., Finkel, E. J., ..., Fincham, F. D. (2011). So far away from one's partner, yet so close to romantic alternatives: Avoidant attachment, interest in alternatives, and infidelity. *Journal of Personality and Social Psychology, 101,* 1302–1316. doi:10.1037/a0025497

Doros, G., & Geier, A. B. (2005). Probability of replication revisited: Comment on "An alternative to null-hypothesis significance tests." *Psychological Science, 16,* 1005–1006. doi:10.1111/j.1467-9280.2005.01651.x

Dunkel, H. B. (1969). *Herbart and education.* New York, NY: Random House.

Dunlosky, J., & Ariel, R. (2011). The influence of agendabased and habitual processes on item selection during study. *Journal of Experimental Psychology: Learning, Memory, and Cognition, 37,* 899–912. doi:10.1037/a0023064

Eggers, D. (2000). *A heartbreaking work of staggering genius.* New York, NY: Simon & Schuster.（デイヴ・エガーズ（著）『驚くべき天才の胸もはりさけんばかりの奮闘記』中野恵津子（訳） 文藝春秋 2001）

Eidelman, S., Crandall, C. S., & Pattershall, J. (2009). The existence bias. *Journal of Personality and Social Psychology, 97,* 765–775. doi:10.1037/a0017058

Few, S. C. (2012). *Show me the numbers: Designing tables and graphs to enlighten* (2nd ed.). Burlingame, CA: Analytics Press.

Fine, M. A., & Kurdek, L. A. (1993). Reflections on determining authorship credit and authorship order on faculty–student collaborations. *American Psychologist, 48,* 1141–1147. doi:10.1037/0003-066X.48.11.1141

Fowler, J. H., & Aksnes, D. W. (2007). Does self-citation pay? *Scientometrics, 72,* 427–437. doi:10.1007/s11192-007-1777-2

Franchak, J. M., & Adolph, K. E. (2012). What infants know and what they do: Perceiving possibilities for walking through openings. *Developmental Psychology, 48,* 1254–1261. doi:10.1037/a0027530

Garner, B. A. (2009). *Garner's modern American usage* (3rd ed.). New York, NY: Oxford University Press.

Gibbs, R. W., Jr. (1994). *The poetics of mind: Figurative thought, language, and understanding.* New York, NY: Cambridge University Press.

Givón, T. (1983). Topic continuity in spoken English. In T. Givón (Ed.), *Topic continuity in discourse* (pp. 343–364). Amsterdam, the Netherlands: John Benjamins. doi:10. 1075/tsl.3.08giv

Glazek, K. (2012). Visual and motor processing in visual artists: Implications for cognitive and neural mechanisms. *Psychology of Aesthetics, Creativity, and the Arts, 6,* 155–167. doi:10.1037/a0025184

Goodson, P. (2013). *Becoming an academic writer: 50 exercises for paced, productive, and powerful writing.* Los Angeles, CA: Sage.

Greenblatt, S. (2011). *The swerve: How the world became modern.* New York, NY: Norton.

Greengross, G., Martin, R. A., & Miller, G. (2012). Personality traits, intelligence, humor styles, and humor production ability of professional stand-up comedians compared to college students. *Psychology of Aesthetics, Creativity, and the Arts, 6*, 74–82. doi:10.1037/a0025774

Gruber, H. E. (1989). The evolving systems approach to creative work. In D. B. Wallace & H. E. Gruber (Eds.), *Creative people at work: Twelve cognitive case studies* (pp. 3–24). New York, NY: Oxford University Press.

Hamelman, J. (2004). *Bread: A baker's book of techniques and recipes.* Hoboken, NJ: Wiley.（ジェフリー・ハメルマン（著）『BREAD ――パンを愛する人の製パン技術理論と本格レシピ』竹谷光司, 井上好文（監修） 金子千保（訳） 旭屋出版 2009）

Hamilton, D. P. (1990). Publishing by —— and for? —— the numbers. *Science, 250*, 1331–1332. doi:10.1126/science.2255902

Hamilton, D. P. (1991). Research papers: Who's uncited now? *Science, 251*, 25. doi:10.1126/science.1986409

Hoggard, L. S., Byrd, C. M., & Sellers, R. M. (2012). Comparison of African American college students' coping with racially and nonracially stressful events. *Cultural Diversity & Ethnic Minority Psychology, 18*, 329–339. doi:10.1037/a0029437

Hyland, K. (2001). Humble servants of the discipline? Selfmention in research articles. *English for Specific Purposes, 20*, 207–226. doi:10.1016/S0889-4906(00)00012-0

Inbar, Y., Cone, J., & Gilovich, T. (2010). People's intuitions about intuitive insight and intuitive choice. *Journal of Personality and Social Psychology, 99*, 232–247. doi:10.1037/a0020215

Iverson, G. J., Lee, M. D., Zhang, S., & Wagenmakers, E. (2009). p_{rep}: An agony in five Fits. *Journal of Mathematical Psychology, 53*, 195–202. doi:10.1016/j.jmp.2008.09.004

Johnson, D. J., & Rusbult, C. E. (1989). Resisting temptation:Devaluation of alternative partners as a means of maintaining commitment in close relationships. *Journal of Personality and Social Psychology, 57*, 967–980. doi:10.1037/0022-3514.57.6.967

Kaufman, S. B., DeYoung, C. G., Gray, J. R., Jiménez, L., Brown, J., &

Mackintosh, N. (2010). Implicit learning as an ability. *Cognition, 116*, 321–340. doi:10.1016/j.cognition.2010.05.011

Kelly, G. A. (1955). *The psychology of personal constructs: Vol. 1. A theory of personality*. New York, NY: Norton.（ジョージ・A・ケリー（著）『パーソナル・コンストラクトの心理学 第1巻 理論とパーソナリティ』辻 平治郎（訳） 北大路書房 2016）

Kerr, N. L. (1998). HARKing: Hypothesizing after the results are known. *Personality and Social Psychology Review, 2*, 196–217. doi:10.1207/s15327957pspr0203_4

Killeen, P. R. (2005). An alternative to null-hypothesis significance tests. *Psychological Science, 16*, 345–353. doi:10.1111/j.0956-7976.2005.01538.x

Ladinig, O., & Schellenberg, E. G. (2012). Liking unfamiliar music: Effects of felt emotion and individual differences. *Psychology of Aesthetics, Creativity, and the Arts, 6*, 146–154.

Lakoff, G., & Johnson, M. (1980). *Metaphors we live by*. Chicago, IL: University of Chicago Press.（ジョージ・レイコフ，マーク・ジョンソン（著）『レトリックと人生』渡部昇一，楠瀬淳三，下谷和幸（訳） 大修館書店 1986）

Lambert, N. M. (2013). *Publish and prosper: A strategy guide for students and researchers*. New York, NY: Routledge.

Lamiell, J. T. (1981). Toward an idiothetic theory of personality. *American Psychologist, 36*, 276–289. doi:10.1037/0003-066X.36.3.276

Lamiell, J. T. (1987). *The psychology of personality: An epistemological inquiry*. New York, NY: Columbia University Press.

Ledgerwood, A., & Sherman, J. W. (2012). Short, sweet, and problematic? The rise of the short report in psychological science. *Perspectives on Psychological Science, 7*, 60–66. doi:10.1177/1745691611427304

Mayer, M. (1983). *I was so mad*. Racine, WI: Western.

McCarthy, M. A. (2012). Toward a more equitable model of authorship. In R. E. Landrum & M. A. McCarthy (Eds.), *Teaching ethically: Challenges and opportunities* (pp. 181–190). Washington, DC: American Psychological Association. doi:10.1037/13496-016

Murayama, K., Pekrun, R., & Fiedler, K. (2014). Research practices that can prevent an inflation of false positive rates. *Personality and Social*

Psychology Review, 18, 107–118. doi:10.1177/1088868313496330

Nicol, A. A. M., & Pexman, P. M. (2010a). *Displaying your findings: A practical guide for creating figures, posters, and presentations*. Washington, DC: American Psychological Association.

Nicol, A. A. M., & Pexman, P. M. (2010b). *Presenting your findings: A practical guide for creating tables*. Washington, DC: American Psychological Association.

Nusbaum, E. C., & Silvia, P. J. (2011). Are intelligence and creativity really so different? Fluid intelligence, executive processes, and strategy use in divergent thinking. *Intelligence, 39*, 36–45. doi:10.1016/j.intell.2010.11.002

Oh, S.-Y. (2005). English zero anaphora as an interactional resource. *Research on Language and Social Interaction, 38*, 267–302. doi:10.1207/s15327973rlsi3803_3

Oh, S.-Y. (2006). English zero anaphora as an interactional resource II. *Discourse Studies, 8*, 817–846. doi:10.1177/1461445606067332

Peirsman, Y., & Geeraerts, D. (2006). Metonymy as a prototypical category. *Cognitive Linguistics, 17*, 269–316. doi: 10.1515/COG.2006.007

Pinker, S. (1999). *Words and rules: The ingredients of language*. New York, NY: Basic Books.

Quirk, R., Greenbaum, S., Leech, G., & Svartvik, J. (1985). *A comprehensive grammar of the English language*. New York, NY: Longman.

Reis, H. T., & Stiller, J. (1992). Publication trends in *JPSP:* A three-decade review. *Personality and Social Psychology Bulletin, 18*, 465–472. doi:10.1177/0146167292184011

Ring, K. (1967). Experimental social psychology: Some sober questions about some frivolous values. *Journal of Experimental Social Psychology, 3*, 113–123. doi:10.1016/0022-1031(67)90016-9

Risen, J. L., & Gilovich, T. (2008). Why people are reluctant to tempt fate. *Journal of Personality and Social Psychology, 95*, 293–307. doi:10.1037/0022-3514.95.2.293

Rotella, K. N., Richeson, J. A., Chiao, J. Y., & Bean, M. G. (2013). Blinding trust: The effect of perceived group victimhood on intergroup trust. *Personality and Social Psychology Bulletin, 39*, 115–127.

doi:10.1177/0146167212466114

Sagan, C. (1995). *The demon-haunted world: Science as a candle in the dark*. New York, NY: Random House.（カール・セーガン（著）『カール・セーガン 科学と悪霊を語る』青木 薫（訳） 新潮社 1997）

Salovey, P. (2000). Results that get results: Telling a good story. In R. J. Sternberg (Ed.), *Guide to publishing in psycho logy journals* (pp. 121–132). Cambridge, England:Cambridge University Press. doi:10.1017/CBO9780511807862.009

Sawyer, R. K. (2011). *Explaining creativity: The science of human innovation* (2nd ed.). New York, NY: Oxford University Press.

Schimmack, U. (2012). The ironic effect of significant results on the credibility of multiple-study articles. *Psychological Methods, 17*, 551–566. doi:10.1037/a0029487

Schulz, K. F., Altman, D. G., Moher, D., & the CONSORT Group. (2010). CONSORT 2010 statement: Updated guidelines for reporting parallel group randomized trials. *Trials, 11*(32). Available at http://www.trialsjournal.com/content/11/1/32

Schwartz, C. A. (1997). The rise and fall of uncitedness. *College & Research Libraries, 58*, 19–29.

Scott, L. (2004). Correlates of coping with perceived discriminatory experiences among African American adolescents. *Journal of Adolescence, 27*, 123–137. doi:10.1016/j.adolescence.2003.11.005

Silvia, P. J. (2001). Nothing or the opposite: Intersecting terror management and objective self-awareness. *European Journal of Personality, 15*, 73–82. doi:10.1002/per.399

Silvia, P. J. (2002). Self-awareness and emotional intensity. *Cognition and Emotion, 16*, 195–216. doi:10.1080/02699930143000310

Silvia, P. J. (2003). Self-efficacy and interest: Experimental studies of optimal incompetence. *Journal of Vocational Behavior, 62*, 237–249. doi:10.1016/S0001-8791(02)00013-1

Silvia, P. J. (2005). What is interesting? Exploring the appraisal structure of interest. *Emotion, 5*, 89–102. doi:10.1037/1528-3542.5.1.89

Silvia, P. J. (2006). *Exploring the psychology of interest*. New York, NY: Oxford University Press. doi:10.1093/acprof:oso/9780195158557.001.0001

Silvia, P. J. (2007). *How to write a lot: A practical guide to productive academic writing*. Washington, DC: American Psychological Association.（ポール・J・シルヴィア（著）『できる研究者の論文生産術―どうすれば「たくさん」書けるのか』髙橋さきの（訳）　講談社　2015）

Silvia, P. J. (2010). Confusion and interest: The role of knowledge emotions in aesthetic experience. *Psychology of Aesthetics, Creativity, and the Arts, 4,* 75–80. doi:10.1037/a0017081

Silvia, P. J. (2012). Mirrors, masks, and motivation: Implicit and explicit self-focused attention influence effort-related cardiovascular reactivity. *Biological Psychology, 90,* 192–201. doi:10.1016/j.biopsycho.2012.03.017

Silvia, P. J., & Brown, E. M. (2007). Anger, disgust, and the negative aesthetic emotions: Expanding an appraisal model of aesthetic experience. *Psychology of Aesthetics, Creativity, and the Arts, 1,* 100–106. doi:10.1037/1931-3896.1.2.100

Silvia, P. J., & Gendolla, G. H. E. (2001). On introspection and self-perception: Does self-focused attention enable accurate self-knowledge? *Review of General Psychology, 5,* 241–269. doi:10.1037/1089-2680.5.3.241

Silvia, P. J., & Nusbaum, E. C. (2011). On personality and piloerection: Individual differences in aesthetic chills and other unusual aesthetic experiences. *Psychology of Aesthetics, Creativity, and the Arts, 5,* 208–214.

Silvia, P. J., Nusbaum, E. C., Berg, C., Martin, C., & O'Connor, A. (2009). Openness to experience, plasticity, and creativity: Exploring lower-order, higher-order, and interactive effects. *Journal of Research in Personality, 43,* 1087–1090. doi:10.1016/j.jrp.2009.04.015

Silvia, P. J., & Phillips, A. G. (2004). Self-awareness, selfevaluation, and creativity. *Personality and Social Psychology Bulletin, 30,* 1009–1017. doi:10.1177/0146167204264073

Silvia, P. J., Winterstein, B. P., Willse, J. T., Barona, C. M., Cram, J. T., Hess, K. I., ..., Richard, C. A. (2008). Assessing creativity with divergent thinking tasks: Exploring the reliability and validity of new subjective scoring methods. *Psychology of Aesthetics, Creativity, and the Arts, 2,* 68–85. doi:10.1037/1931-3896.2.2.68

Simmons, J. P., Nelson, L. D., & Simonsohn, U. (2011). False-positive psychology: Undisclosed flexibility in data collection and analysis allows presenting anything as significant. *Psychological Science, 22,* 1359–1366. doi:10. 1177/0956797611417632

Simmons, J. P., Nelson, L. D., & Simonsohn, U. (2012). A 21 word solution. *Dialogue: The Official Newsletter of the Society for Personality and Social Psychology, 26*(2), 4–12.

Soler, V. (2007). Writing titles in science: An exploratory study. *English for Specific Purposes, 26,* 90–102. doi:10. 1016/j.esp.2006.08.001

Steinbeck, J. (1962). *Travels with Charley: In search of America.* New York, NY: Viking.（ジョン・スタインベック（著）『チャーリーとの旅』竹内 真（訳） ポプラ社　2007）

Sternberg, R. J. (Ed.). (2000). *Guide to publishing in psychology journals.* Cambridge, England: Cambridge University Press. doi:10.1017/CBO9780511807862

Stevens, C. D., & Ash, R. A. (2001). The conscientiousness of students in subject pools: Implications for "laboratory" research. *Journal of Research in Personality, 35,* 91–97. doi:10.1006/jrpe.2000.2310

Swann, W. B., Jr., Hixon, J. G., Stein-Seroussi, A., & Gilbert, D. T. (1990). The fleeting gleam of praise:Cognitive processes underlying behavioral reactions to self-relevant feedback. *Journal of Personality and Social Psychology, 59,* 17–26. doi:10.1037/0022-3514.59.1.17

Sword, H. (2012). *Stylish academic writing.* New York, NY:Oxford University Press.

Tobias, R. B. (2012). *Twenty master plots: And how to build them.* Cincinnati, OH: Writer's Digest Books.

Trafimow, D., MacDonald, J. A., Rice, S., & Clason, D. L. (2010). How often is p_{rep} close to the true replication probability? *Psychological Methods, 15,* 300–307. doi:10.1037/a0018533

Turner, S. A., Jr., & Silvia, P. J. (2006). Must interesting things be pleasant? A test of competing appraisal structures. *Emotion, 6,* 670–674. doi:10.1037/1528-3542. 6.4.670

U.S. Department of Health and Human Services. (2012, November 26). *Guidance regarding methods for deidentification of protected health information in accordance with the Health Insurance Portability and Accountability Act (HIPAA) privacy rule*. Washington, DC: Author. Retrieved from http://www.hhs.gov/ocr/privacy/hipaa/understanding/coveredentities/De-identification/guidance.html

Vines, T. H., Albert, A. Y. K., Andrew, R. L., Débarre, F., Bock, D. G., Franklin, M. T., ..., Rennison, D. J. (2014). The availability of research data declines rapidly with article age. *Current Biology, 24*, 94–97. doi:10.1016/j.cub.2013.11.014

Wendig, C. (2011). *250 things you should know about writing* [Kindle edition]. Available at http://terribleminds.com/ramble/chucks-books/250-things-about-writing/

Wicherts, J. M., & Bakker, M. (2012). Publish (your data) or (let the data) perish! Why not publish your data too? *Intelligence, 40*, 73–76. doi:10.1016/j.intell.2012.01.004

Wicherts, J. M., Borsboom, D., Kats, J., & Molenaar, D. (2006). The poor availability of psychological research data for reanalysis. *American Psychologist, 61*, 726–728. doi:10.1037/0003-066X.61.7.726

Witt, E. A., Donnellan, M. B., & Orlando, M. J. (2011). Timing and selection effects within a psychology subject pool: Personality and sex matter. *Personality and Individual Differences, 50*, 355–359. doi:10.1016/j.paid.2010. 10.019

Wolfe, T. (1975). *The painted word*. New York, NY: Farrar, Straus and Giroux.（トム・ウルフ（著）『現代美術コテンパン』髙島平吾（訳）晶文社　1984）

Zabelina, D. L., Felps, D., & Blanton, H. (2013). The motivational influence of self-guides on creative pursuits. *Psychology of Aesthetics, Creativity, and the Arts, 7*, 112–118. doi:10.1037/a0030464

Zinsser, W. (1988). *Writing to learn*. New York, NY: Quill.

Zinsser, W. (2006). *On writing well: The classic guide to writing nonfiction* (30th anniversary edition). New York, NY:HarperCollins.

訳者あとがき

　本書は、2014年にアメリカ心理学会出版局から出版されたポール・J・シルヴィア（Paul J. Silvia）『*Write It Up: Practical Strategies for Writing and Publishing Journal Articles*』の邦訳で、同じく2007年に出版された『*How to Write a Lot: A Practical Guide to Productive Academic Writing*』（『できる研究者の論文生産術──どうすれば「たくさん」書けるのか』講談社（2015））の続編ということになる。重点が「ともかく書く」ことにある前書と、「インパクトがある論文を書く具体的手順」にある本書は、2冊で1冊ともいえる関係にあり、どちらを先に読んでも楽しめるはずだ。

　著者のポール・J・シルヴィアは、現在、米国のノースカロライナ大学グリーンズボロ校（UNCG）心理学科の教授。2001年にカンザス大学で心理学の博士号を取得して以来、気鋭の研究活動を続ける傍ら、上掲の2冊や、David B. Feldmanとの共著『*Public Speaking for Psychologists*（心理学者のためのプレゼンテーション）』（2012）を上梓してきた。いずれも、ユーモアを交えつつ経験を惜しみなく伝授する書として好評を博している。

　本書の目標は、《インパクトがある論文》──論文を読んだことで対話の輪が広がり、しかも、交わされる対話の内容に変化が生じるような論文──を書くことだ。「論文はインパクトが大切だ。ただ発表すればよいというものではない」の一文（6ページ）に示される通りである。そして、そのための具体的な手順──豊富な執筆・査読経験に根ざした具体的なノウハウや匙加減──がステップごとに伝授される。一般的手順にとどまらず、なぜ多くの研究者、特に初心者が、《インパクトがある論文》でなく《どんな論文でも出せればい

い》という状態に陥ってしまうのかがユーモアを込めて明快に指摘されているので、執筆のモチベーションがあがり、精神的負担が軽くなる。このあたりは、心理学者の面目躍如たるものだろう。

　第Ⅰ部の「計画と準備」では、第1章「投稿する雑誌をいつどうやって選ぶのか」で、《インパクトがある論文》というのは、研究の着想段階から論文執筆を意識して計画を立てることではじめて実現することが、第2章「語調と文体」で、読み手に伝わる論文を書くために文体をコントロールする方法が、第3章「一緒に書く：共著論文執筆のヒント」で、身につまされる事例の数々とともに、共同研究が論文作成段階で頓挫するのを防ぐ手立てが示される。

　第Ⅱ部の「論文を書く」では、第4章「「序論」を書く」で、論文執筆の最難関である論文冒頭問題を解決しつつ、論文のアイデアをアナウンスする手順が、第5章「「方法」を書く」で、実施した研究を他の研究者のこれまでの仕事とつなげておくというポイントが、第6章「「結果」を書く」で、数字に頼らずに「結果」を書く方向性が、第7章「「考察」を書く」で、伝えたい内容を再確認しつつ、その分野の重要問題との関連性を浮き彫りにすることの重要性が、第8章「奥義の数々：タイトルから脚注まで」で、論文では《神は細部に宿る》ことが確認される。

　第Ⅲ部の「論文の発表する」では、第9章「雑誌とのおつきあい：投稿、再投稿、査読」で、研究活動をスタートしたばかりの若手研究者や大学院生のみなさんにとっての《鬼門・ブラックボックス》である査読の過程にとりくむ手順が指南され、第10章「論文は続けて書く：実績の作り方」で、論文は継続的に出すことに意味があること、そして、どうやって書き続けるかという姉妹書『できる研究者の論文生産術』につながる問題群が提示される。

　そして、本書で繰りかえし強調されるのがオープンであること。単に「不正はいけない」というお題目ではなく、どんなタイミング

訳者あとがき

で、何にどう気をつければよいのかが丁寧に指摘されている。

さて、以上のようなスキルは、実は、論文を書く場面だけでなく、読む場面でこそ役に立つ。論文のアウトラインを的確に読み取れるようになり、論文を読む速度が何倍も上がるからだ。自分が書く論文の何十倍、何百倍の文章を読むのが研究者の日常だろう。姉妹書『できる研究者の論文生産術』では、論文を「読む」時間も「執筆」時間としてカウントしてよいと銘記されているくらいだ。論文を迅速かつ的確に読み取れれば、その分の時間を執筆にあてられるし、執筆内容も格段によくなる。

なお、本書で一番長い第 2 章「語調と文体」は、この章だけを独立したライティングのテキストとして読むこともできる。名案内人シルヴィア先生は、まず文章展開の基本を押さえ、そのうえで英文ライティングにつきものの根拠の薄い「べからず集」*を木端微塵にしてくれる。「べからず集」の縛りから解放されれば、ロジカルな文章がずっと楽に書ける。この章は、多少文法が苦手でも理解できるように書かれているので、しっかり活用してほしい。

訳出・刊行にあたって、以下の 3 点を変更・追加した。1 点目は索引。翻訳時に索引をつくりなおすのは普通のことかもしれないが、「あの本に書いてあったはず！」というときに役立つよう、原文の索引を参照しつつ丁寧な索引づくりを心がけた。2 点目は、巻末につけてある資料集のリスト。実際の論文執筆時にすばやく参照できるよう、資料名だけでなく、簡単な内容紹介もつけてある。索引ともども活用していただければ幸いである。3 点目は挿絵。具体的なイメージが描けるよう、編集部の方で付け加えてくださった。装画の「もじゃもじゃあたま君」が登場する挿絵もある。

＊ 原文では peeves (癪のたね)。文脈に即して「べからず集」と訳出してある。

翻訳に際しては、姉妹書『できる研究者の論文生産術』同様、岡山大学大学院環境生命科学研究科の国枝哲夫 教授に、翻訳開始時から幅広く助言していただいた。しかし、用語や内容に不適切な点があったとすれば、それはもちろん訳者の責任である。

　また、心理学の用語については、東京大学の川本大史 先生に助言していただいた。さらに姉妹書につづき、国立研究開発法人 農業・食品産業技術総合研究機構の三中信宏 先生には推薦文を寄稿いただき、イラストレーターの龍神貴之さんには装画および挿絵を描いていただいた。この場を借りてお礼を申し上げる。

　最後になりましたが、講談社サイエンティフィクの横山真吾さんに大変お世話になりました。ありがとうございました。

2016年11月

高橋さきの

索　引

あ行

アイゲンファクター 16, 18
アイデアを峻別する 220
アクセプト　⇒　採用
熱すぎる共同研究者 75
アブストラクト　⇒　要旨
忙しすぎる共同研究者 73-74
一人称は使うべからず 57-58
逸失利益 221, 234
一発屋 217
一般的主張で始める（序論の書き始め） 114
インパクト 218
インパクトは論文 1 本では得られない 218-219
インパクトファクター 16, 17, 19, 170
「インパクト」を目指して論文を書く 7
インフォーマル vs フォーマル（語調） 33, 35
引用数が多いレビュー論文 222-224
エディターからの通知 192-200
　　採用（アクセプト）の場合 193
　　内容を理解する 192
　　不採用（リジェクト）でもあきらめない 193
　　不採用（リジェクト）の場合 193-200
エディターの判断を仰ぐ（修正・再投稿） 206
エリプシス（省略記号）（句読法） 47
エムダッシュ（句読法） 45
大筋を述べてから詳述する（結果） 139
オーサーシップ 85-89
　　実質的貢献 86
　　シニアオーサー 87
　　ファーストオーサー 87

オープンアクセスの雑誌 21
オープンであれ 123, 155-156
思いつきで書かない（脚注） 182
オンライン・アーカイブの利用（方法） 130

か行

外部資金を獲得する 226
「革新的」方法を用いた場合（方法） 118
ガーナー（Garner） 39-40, 64, 65
関係分野の文献を引用する 169
感嘆符（句読法） 48
換喩　⇒　メトニミー
期限を厳守にする（校正） 212
記載すべき事柄（投稿レター） 190
疑問符（句読法） 50
脚注 143, 182
　　思いつきで書かない 182
　　字数制限は回避できない 182
　　文の流れを乱さない 182
協調的 vs 好戦的（語調） 33, 36
共著論文における最大の間違い 78
共著論文は誰か 1 人が書くのがベスト 79-80
共同研究 224-227
　　見解の不一致を歓迎する 225
　　コミュニティを組織する 224
　　利点 224
キーワードを入れる（タイトル・要旨）
.... 177-178, 180
句読法（パンクチュエーション） 40-48, 50, 51
　　エムダッシュ 45

エリピシス（省略記号） ……………………… 47
感嘆符 ……………………………………………… 48
疑問符 ……………………………………………… 50
コロン ……………………………………… 43-44, 50, 178
コンマ ……………………………………… 40, 42, 44, 49
従属関係 …………………………………………… 40
スラッシュ ………………………………………… 47
セミコロン ………………………………… 41-43, 50
ダッシュ …………………………………… 44-47, 50
ダッシュを使った文中への挿入 …………… 45
ダッシュを使った文末への付加 …………… 46
使わない方がよい句読法 …………………… 47
等位関係 …………………………………………… 40
独立節 ……………………………………………… 41
頓絶法 ……………………………………………… 48
ピリオド ………………………………… 40, 42, 44, 49
クワーク（Quirk） ……………………………… 55, 70
結果 ……………………………………………… 133-145
　大筋を述べてから詳述する ………………… 139
　結果と考察をまとめる場合 ………………… 143
　周辺的な知見をどう書くか ……………… 141-143
　詳細事項は冒頭にまとめる ……………… 136-138
　数字がなくても理解できるように書く … 133-136
　ストーリーとして展開する ……………… 138-140
　統計手法の記載 ……………………………… 140-141
　表や図に情報をまとめる ……………… 134-138, 181
見解の不一致を歓迎する（共同研究） …… 225
研究参加者（方法） ……………………………… 124
研究の限界（考察） …………………………… 156-160
研究の力強さを際立たせる（考察） ………… 148
原稿修正の具体的ステップ …………………… 202
原稿の督促 ………………………………………… 83
原稿を寝かせない（投稿） ……………………… 192
考察 ……………………………………………… 146-167
　研究の限界 …………………………………… 156-160

　研究の力強さを際立たせる ………………… 148
　ごまかしはきかない ………………………… 155
　今後の方向性 ………………………………… 160
　自覚している問題点は書いておく ………… 155
　実践上の意義 ………………………………… 161-163
　他の理論、知見、問題と関連づけて論じる
　…………………………………………………… 153
　総論に流れない ……………………………… 147-148
　テンプレート ………………………………… 148-150
　まとめ部分 …………………………………… 163-167
　よい考察の2つの特徴 …………………… 147-150
　要約部分を省かない ………………………… 152-153
校正 ……………………………………………… 212-213
　期限を厳守する ……………………………… 212
　徹底的に行う ………………………………… 211
　よく見かけるミス …………………………… 212
構成用テンプレート ………………………… 105-109
　序論中核部分 ………………………………… 106
　序論の末尾 …………………………………… 107
　序論冒頭部分 ………………………………… 105
語調のコントロール …………………………… 34
語調の評価軸 …………………………………… 33-34
　インフォーマル vs フォーマル …………… 33, 35
　協調的 vs 好戦的 …………………………… 33-34, 36
　自信あり vs 自信なし …………………… 34, 36-37
　人格的 vs 無人格的 ………………………… 33, 36
古典的叙述形式 ………………………………… 108
ごまかしはきかない（考察） ………………… 155
コミュニティを組織する（共同研究） …… 224
コロン（タイトル） ……………………………… 178
コロン（句読法） …………………………… 43-44, 50
今後の方向性（考察） ………………………… 160
コンマ（句読法） …………………………… 40, 42, 44, 49

索　引

さ行

最後に書く（要旨） ……………………………… 179
再投稿用レターを書く …………………… 207-211
　　非修正箇所についての説明 ……………… 210
　　レターの長さ …………………………… 207-208
採用（アクセプト）の場合の通知 …………… 193
「魚」を与えるのではなく「魚のとり方」を身につ
　　けさせる ……………………………………… 234
雑誌についてのインフォーマルな情報 ……… 15
雑誌の3分類（1〜3番手） …………………… 20
雑誌の定性的な分類 ……………………………… 19
査読 …………………………………………… 213-216
　　「自分がされたくないことはしない」 …… 216
　　引き受けるのは義務 ……………………… 214
査読者は必ず気づく ……………………… 144-145
査読者が未読引用文献の著者である可能性
　　……………………………………………………… 172
「作用機序はこうだ」テンプレート …………… 97
三部構成 ………………………………………… 108
時間管理 ………………………………………… 74
指示代名詞は単体で使うべからず！
　　…………………………………… 32, 56, 66-70
自信あり vs 自信なし（語調） …………… 34, 36-37
自信をもって書く ……………………… 34, 36-37
字数制限は回避できない（脚注） …………… 182
事前の計画 ………………… 9, 28, 29, 103, 172, 218-219
実質的貢献（オーサーシップ） ………………… 86
実践上の意義（考察） …………………… 161-163
「失敗作は厨房から出すな」 …………………… 222
執筆スケジュール ………………………………… 74
シニアオーサー（オーサーシップ） …………… 87
「自分がされたくないことはしない」（査読） … 216
自分の声はどう聞こえているのか ……………… 32
自分の文献の引用 ……………………………… 174

修正・再投稿 ……………………………… 201-207
　　エディターの判断を仰ぐ ………………… 206
　　原稿修正の具体的ステップ ……………… 202
　　直さない部分 ……………………………… 206
　　直す部分 …………………………………… 204
　　3つの選択肢 ……………………………… 204
従属関係（句読法） ……………………………… 40
重文 ………………………………………………… 49
周辺的な知見をどう書くか（結果） …… 141-143
詳細事項は冒頭にまとめる（結果） …… 136-138
省略記号　⇒　エリプシス
助成金
　　…………… 3, 8, 35, 36, 37, 73, 89, 158, 210, 214, 226, 227
書籍の分担執筆 ………………………………… 227
　　書籍はアクセスに問題 …………………… 228
　　それでも引き受ける理由 …………… 229-230
書評の執筆 ……………………………………… 231
序論 ………………………………………… 92-116
　　序論書き始め ……………………… 109-115
　　一般的主張で始める冒頭表現 …………… 114
　　強い冒頭表現 ……………………… 112-115
　　問いかけで始める冒頭表現 ……………… 113
　　読者の興味を引く冒頭表現 ……………… 115
　　弱い冒頭表現 ……………………… 110-112
　　文献をレビューしない …………………… 104
「序論」展開用テンプレート ……………… 93-104
人格的 vs 無人格的（語調） ………………… 33, 36
申請書 ………………………… 8, 36, 37, 210, 214, 226
「新知見です」テンプレート …………………… 101
ジンサー（Zinsser） ……………… 4, 39, 64, 70, 180, 226
筋の通った主張をする（レビュー論文） …… 223
スターペル（Stapel） ……………………… 5, 129, 131
ストーリーとして展開する（結果） …… 138-140
スラッシュ（句読法） …………………………… 47
接続詞 ……………………………………………… 51

253

畳用·····52
　　省略·····53
セミコロン（句読法）·····41-43, 50
総説 ⇒ レビュー論文
装置（方法）·····126
総論に流れない（考察）·····147-148
測定項目と結果（方法）·····127-128

た行

タイトル·····175-179
　キーワードを複数入れる·····177-178
　コロンの使用·····178
　トーン·····177
　よいタイトル·····176
ダッシュ（句読法）·····44-47, 50
　文中への挿入（句読法）·····45
　文末への付加（句読法）·····46
他の理論、知見、問題と関連づけて論じる（考察）·····153
誰が著者になるか ⇒ オーサーシップ
短縮形は使うべからず！·····32, 56, 63-65
単文·····49
短報の序論·····115
段落の分量·····48
段落を、文4個〜6個分の枠と考える·····54
使わない方がよい句読法（句読法）·····47
次の投稿先を選んでおく·····28, 180, 198
強い冒頭表現（序論書き始め）·····112-115
手順（方法）·····125
徹底的にチェックする（校正）·····211
「伝統的」方法を用いた場合（方法）·····118
テンプレート（考察）·····148-150
テンプレート（投稿レター）·····190-192

テンプレート（表現の雛形）
　·····92-104, 105-109, 115-116, 148-150, 190-192
　考察用テンプレート·····149-150
　構成用テンプレート·····105-109
　「序論」展開用テンプレート·····93-104
　投稿レターのテンプレート·····190-192
問いかけで始める序論書き始め·····113
等位関係（句読法）·····40
等位接続詞·····51, 53
統計手法の記載·····140-141
投稿規定·····190
投稿先の選び方·····25-28
　口コミ情報·····26
　引用文献に応じて選ぶ（非推奨）·····25
　尊敬する先人をまねる·····27
　特徴の似た論文が載る雑誌を選ぶ·····26
投稿先の掲載論文を引用する·····169
投稿先は書き始める前に選ぶ
　·····23-25, 80, 150, 172
投稿レターのテンプレート·····190-192
どうやって書く時間をつくるか·····232-233
読者の興味を引く冒頭表現（序論の書き始め）
　·····115
独立節（句読法）·····41
どこまで詳細に書くか（方法）·····124
「どちらが正しいのか」テンプレート·····94
トーン（タイトル）·····177
頓絶法（句読法）·····48

な行

内容を理解する（エディターからの通知）·····192
直さない部分（修正・再投稿）·····206
直す部分（修正・再投稿）·····204
何でもよいからどこかに発表したい·····6

なるべく新しい文献を引用する……171
「似て(違って)なんかいない」テンプレート…99
能力の無さすぎる共同研究者……76-77

は行

発表するためだけに論文を書く……7
パンクチュエーション　⇒　句読法
非修正箇所（再投稿レター）……210
百科事典の執筆……230
表現の雛形　⇒　テンプレート
表や図に情報をまとめる（結果）……134-138, 181
ピリオド（句読法）……40, 42, 44, 49
ファーストオーサー……87
複文……49
不採用（リジェクト）……193
不採用（リジェクト）でもあきらめない…193-200
2つの機能（文献）……169
付録や補足資料とプライバシー……183-184
付録や補足資料の利用……183-184
ブロークン・ボールダー出版……1
文献……169-175
　新しい文献を引用する……171
　数……173
　関係分野の文献を引用する……169
　査読者が未読引用文献の著者である可能性
　……172
　自分の文献の引用……174
　投稿先の掲載論文を引用する……169
　2つの機能……169
　未読の文献は引用しない……172
「作用機序はこうだ」……97
「新知見です」……101
「どちらが正しいのか」……94
「似て(違って)なんかいない」……99

文体のべからず集……32, 56-70
　一人称は使うべからず……57-58
　指示代名詞は単体で使うべからず！
　……32, 56, 66-70
　短縮形は使うべからず！……32, 56, 63-65
　文頭に But や And は使うべからず！……32, 65
　分離不定詞は使うべからず……63
　無生物主語は使うべからず……58-62
文体を使い分けられるようにする……34
文に変化をつける……49
ベイカー（Baker）……39, 48, 54
方法……117-132
　オープンであれ……123
　オンライン・アーカイブの利用……130
　「革新的」方法を用いた場合の書き方……118
　研究参加者……124
　ごまかすのは無理……123
　装置……126
　測定項目と結果……127-128
　手順……125
　「伝統的」方法を用いた場合の書き方……118
　どこまで詳細に書くか……124
　妙な点があれば、査読者が気づく……123
　読み手が納得できる「方法」……117-120

ま行

「まずは本を読め」という教育法……31
まとめ部分（考察）……163-166
学ぶために書く（論文を書く理由）……4
3つの選択肢（修正・再投稿）……204
未読の文献は引用しない（文献）……172
妙な点があれば、査読者が気づく（方法）……123
無生物主語は使うべからず……58-62
メトニミー（換喩）……58-62

モース硬度 92

や行

厄介な共同研究者 73-77
 熱すぎる共同研究者 75
 忙しすぎる共同研究者 73-74
 能力の無さすぎる共同研究者 76-77
よい考察の2つの特徴(考察) 147-150
よいタイトル 176
要旨(アブストラクト) 179-181
 キーワードを入れる 180
 最後に書く 179
 論文のスナップ写真 180
要約部分を省かない(考察) 152-153
よく見かけるミス(校正) 212
読み手が納得できる「方法」 117-120
弱い冒頭表現(序論書き始め) 110-112

ら行

ライティングの本を読む 38-40
ランニングヘッド 184-185
リジェクト ⇒ 不採用
レターの長さ(再投稿レター) 207-208
レビュー論文(総説) 222
 引用数が多い 223
 筋の通った主張をする 223
論文影響値 16, 18-19
論文投稿段階 189-192
 原稿を寝かせない 192
 投稿レターのテンプレート 190-192
 投稿規定を再読してから投稿する 190
 投稿レターに含めるべき事柄 190

論文の計画は、一連の論文について立てる
.... 219
論文のスナップ写真(要旨) 180
「論文はインパクトが大切だ。ただ発表すればよい
 というものではない」 5
論文を書く理由 2-5
 何でもよいからどこかに発表したい 6
 発表するためだけに論文を書く 7
 学ぶために書く 4
 出さないよりは出した方がよい 6

欧字

APA論文作成マニュアル ⇒ Publication
 Manual of the American Psychological
 Association)
CONSORT (Consolidated Standards of
 Reporting Trials) 123, 157
How to Write a Lot (できる研究者の論文生産
 術――どうすれば「たくさん」書けるのか)
 .... 74, 233-234
HRS (Health and Retirement Study、健康と
 退職に関する調査) 130
H指数 16-18
IMRAD (Introduction, Methods, Results, and
 Discussion) .... x, 10
MIDUS (National Survey of Midlife
 Development in the United States、米国国
 民中高年健康調査) 130
NIH (National Institute of Health)
 .... 158, 210, 214
Publication Manual of the American
 Psychological Association (APA論文作成マ
 ニュアル) .... x, 86, 122, 128, 180, 185

資料一覧

タイトル	概略	ページ番号
資料1 なぜ書くのか——高邁な理由と率直な理由（直接教わったもの）	論文を執筆する正直な理由	3-4
資料1.1 インパクトの代表的指標	代表的指標4つ	17-19
資料2.1 個々人内部での文体のばらつき——くだけた文体からかたい文体まで	手がけた文章についてのジャンル別自己評価	37-38
資料2.2 学術的文章を書くうえで読んでおきたい本のリスト	推薦図書3冊	39-40
資料2.3 文のタイプ（直感的な分類）	単純、複雑、長い、場所をとるといった直感的分類をどう利用するか	50-51
資料2.4 普段使いのメトニミー	無生物主語の具体例	60-61
資料3.1 共同執筆に向けてのアドバイス	アドバイスのまとめ	77-78
資料4.1 刊行された論文の1行目	「序論」冒頭のパターン別具体例	113-115
資料5.1 没になった原稿から	「方法」で使わなかった事例の数々	121-122
資料6.1 「結果」の「著作権のページ」的部分に記載される事項の例	「結果」冒頭にまとめておくべき事項	137-138
資料7.1 「考察」用テンプレート	「考察」の諸要素をどう展開するか	149
資料7.2 要約2例	そこだけ読めばわかる「考察」要約部分	151-152
資料7.3 研究の意義さまざま	チェックシートで考える「研究の意義」	154
資料7.4 どこもかしこも限界だらけ	あえて書いてみた「限界」部分	159-160
資料7.5 さようならのごあいさつ：直球版と変化球版	書き終え方2種の具体例	164-166
資料8.1 文献を記載する理由	率直な理由の数々	170-171
資料9.1 投稿レターのテンプレート	投稿用英文レターのテンプレート	190-192
資料9.2 「修正して再投稿」と「不採用」の例	エディターから受け取ったレターのケース別具体例	194-197
資料9.3 再投稿が頓挫するとき	再投稿の悪しき実例	203-204
資料9.4 再投稿時のレターは、どのくらいの長さになるか	ワード数の比（レター／論文）の具体例	208
資料9.5 校正のホットスポット	具体例の数々	212-213
資料10.1 書籍の分担執筆を引き受ける理由	それでも引き受ける理由の数々	229-230

著者紹介

　ポール・J・シルヴィア（博士）は、米国ノースカロライナ大学グリーンズボロ校心理学科の教授。著書に、『*How to Write a Lot: A Practical Guide to Productive Academic Writing*』（2007）（『できる研究者の論文生産術――どうすれば「たくさん」書けるのか』（2015））、『*Exploring the Psychology of Interest*』（2006）などがある。国立衛生研究所（NIH）からも数次にわたって助成金を受け、研究を行ってきた。2006年には、興味関心と好奇心についての研究で、アメリカ心理学会第10支部（美学、創造性、芸術の心理学）の若手向けの賞であるバーライン賞を受賞している。

著者紹介

ポール・J・シルヴィア (Paul J. Silvia)
ノースカロライナ大学グリーンズボロ校 (UNCG) 教授。
2001年にカンザス大学で心理学の博士号を取得。著書には『How to Write a Lot: A Practical Guide to Productive Academic Writing』APA (2007) などがある。

訳者紹介

高橋さきの
翻訳家。東京大学大学院農学系研究科修士課程修了。
訳書に『アカデミック・フレーズバンク』講談社 (2022)、『できる研究者の論文生産術』講談社 (2015)、『科学者として生き残る方法』日経BP社 (2008)、『猿と女とサイボーグ』青土社 (2000)、『犬と人が出会うとき』青土社 (2013) などがある。

NDC407　　270p　　19cm

できる研究者の論文作成メソッド
書き上げるための実践ポイント

2016年12月12日　第1刷発行
2024年 8月22日　第9刷発行

著　者　ポール・J・シルヴィア
訳　者　高橋さきの
発行者　森田浩章
発行所　株式会社 講談社

〒112-8001　東京都文京区音羽2-12-21
　販　売　(03) 5395-4415
　業　務　(03) 5395-3615

編　集　株式会社 講談社サイエンティフィク
　　　　代表　堀越俊一

〒162-0825　東京都新宿区神楽坂2-14　ノービィビル
　編　集　(03) 3235-3701

本文データ制作　株式会社エヌ・オフィス
印刷・製本　株式会社KPSプロダクツ

落丁本・乱丁本は、購入書店名を明記のうえ、講談社業務宛にお送りください。送料小社負担にてお取替えいたします。なお、この本の内容についてのお問い合わせは、講談社サイエンティフィク宛にお願いいたします。定価はカバーに表示してあります。

© Sakino Takahashi, 2016

本書のコピー、スキャン、デジタル化等の無断複製は著作権法上での例外を除き禁じられています。本書を代行業者等の第三者に依頼してスキャンやデジタル化することはたとえ個人や家庭内の利用でも著作権法違反です。

Printed in Japan

ISBN 978-4-06-155627-0

講談社の自然科学書

できる研究者の論文生産術
How to Write a Lot
どうすれば「たくさん」書けるのか

ポール・J・シルヴィア 著　高橋さきの 訳
四六・190ページ・本体1,800円　ISBN 978-4-06-153153-6

よい習慣は、才能を超える

◆ 全米で話題の「How to Write a Lot」待望の邦訳!
◆ 雑用に追われている研究者はもちろん、アカデミックポストを目指す大学院生も必読!

主な目次

第1章　はじめに
- 執筆作業は難しい
- いかにして身につけるか
- 本書のアプローチ
- 本書の構成

第2章　言い訳は禁物
——書かないことを正当化しない
- 言い訳その1「書く時間がとれない」「まとまった時間さえとれれば、書けるのに」
- 言い訳その2「もう少し分析しないと」「もう少し論文を読まないと」
- 言い訳その3「文章をたくさん書くなら、新しいコンピュータが必要だ」
- 言い訳その4「気分がのってくるのを待っている」
- 「インスピレーションが湧いたときが一番よいものが書ける」

第3章　動機づけは大切
——書こうという気持ちを持ち続ける
- 目標を設定する
- 優先順位をつける
- 進行状況を監視する
- スランプについて

第4章　励ましあうのも大事
——書くためのサポートグループをつくろう
- 執筆サポートグループの誕生

第5章　文体について
——最低限のアドバイス
- 悪文しか書けないわけ
- よい単語を選ぶ
- 力強い文を書く
- 受動的な表現、弱々しい表現、冗長な表現は避ける
- まずは書く、後で直す

第6章　学術論文を書く
——原則を守れば必ず書ける
- 研究論文を書くためのヒント
- アウトラインの作成と執筆準備
- タイトル(Title)とアブストラクト(要約、Abstract)
- 序論(イントロダクション、Introduction)
- 方法(Methods)
- 結果(Results)
- 考察(Discussion)
- 総合考察(General Discussion)
- 参考文献(References)
- 原稿を投稿する
- 査読結果を理解し、再投稿する
- 「でも、リジェクトされたらどうすればよいのですか?」
- 「でも、何もかも変えろと言われたらどうすればよいのですか?」
- 共著論文を書く
- レビュー論文を書く

第7章　本を書く
——知っておきたいこと
- なぜ本を書くのか
- 簡単なステップ2つと大変なステップ1つで本を書く
- 出版社を見つける
- 細かい作業もたくさん発生する

第8章　おわりに
——「まだ書かれていない素敵なことがら」
- スケジュールを立てる楽しみ
- 望みは控えめに、こなす量は多めに
- 執筆は競争ではない
- 人生を楽しもう
- おわりに

※表示価格は本体価格(税別)です。消費税が別に加算されます。　［2018年2月現在］

講談社サイエンティフィク　http://www.kspub.co.jp/